目录

CONTENTS

TBM智能掘进与地层信息感知案例研究

李　龙　郑彬彬　著

中国科学技术出版社
·北　京·

图书在版编目（CIP）数据

TBM智能掘进与地层信息感知案例研究 / 李龙，郑彬彬著．-- 北京：中国科学技术出版社，2025. 6.
ISBN 978-7-5236-1184-5

Ⅰ. U455.3；P536

中国国家版本馆 CIP 数据核字第 2024C2M915 号

策划编辑	李　洁
责任编辑	曹小雅
封面设计	沈　淋
正文设计	中文天地
责任校对	张晓莉
责任印制	李晓霖

出　　版	中国科学技术出版社
发　　行	中国科学技术出版社有限公司
地　　址	北京市海淀区中关村南大街 16 号
邮　　编	100081
发行电话	010-62173865
传　　真	010-62173081
网　　址	http://www.cspbooks.com.cn

开　　本	710mm × 1000mm　1/16
字　　数	206 千字
印　　张	12.5
版　　次	2025 年 6 月第 1 版
印　　次	2025 年 6 月第 1 次印刷
印　　刷	河北鑫玉鸿程印刷有限公司
书　　号	ISBN 978-7-5236-1184-5 / U · 114
定　　价	68.00 元

1 概论

1.1 TBM 大数据智能算法产生的背景

21 世纪是隧道及地下工程建设的黄金季[1]，中国已成为世界上隧道及地下工程最多、发展速度最快、地质及结构形式最复杂的国家之一[2]。在公路隧道方面，截至 2020 年年底，中国公路隧道有 21 316 座，总长为 21 999.3 km，其中特长公路隧道 1 394 座，总长为 6 235.5 km[3]。中国公路隧道代表性工程有世界规模最大的沉管隧道工程——港珠澳大桥海底沉管隧道工程、川藏第一隧——新二郎山隧道工程、世界最大跨度公路隧道——深圳市东部过境高速公路莲塘隧道。在水工隧道方面，据不完全统计，中国已建成的各类水工隧道总长超 10 000 km，代表工程有引红济石调水工程隧道（19.76 km）、引大济湟工程隧道（24.17 km）、引洮供水工程隧道（96.35 km）、引汉济渭隧道（98.3 km）、吉林引松供水工程隧道（134.632 1 km）、辽西北供水工程隧道（230 km）和滇中引水工程隧道（663.9 km）等[4]。在铁路隧道方面，截至 2021 年年底，中国铁路隧道有 17 532 座，总长为 21 055 km，其中特长铁路隧道 235 座，总长为 3 152 km。在城市地铁隧道建设方面，中国在 50 个城市的城市轨道交通线路总长为 9 192.62 km，其中地铁运营线路为 7 253.73 km[3]。在市政隧道及地下工程方面，城镇化的发展加剧了交通、停车、商铺、仓储等地下空间的建设。在地下输、储油气工程方面，到 2021 年年底，我国已建成超过 3 800 万平方米的地下能源储备库。综上所述，隧道及地下空间建设，尤其是隧道建设已成为我国能源资源开发与基础设施建设的重中之重。

根据隧道围岩不同，隧道可分为两种类型：软土隧道和岩石隧道。通常，软土隧道施工采用盾构法，岩石隧道施工采用常规法（如钻爆法[5]）和全断面岩石掘进机[6]（Tunnel Boring Machine，TBM）。据不完全统计，世界范围内采用TBM工法施工的隧道超过1 000条，总里程远超4 000 km。相较于钻爆法，对于埋深长大隧道，采用TBM工法施工的推进速度可以达到钻爆法的3~10倍，TBM 开挖扰动小，有利于围岩稳定，同时 TBM 搭配长距离连续皮带机可连续掘进，能改善施工人员的工作环境并降低了施工人员的劳动强度。随着国内工业制造水平的提高和对 TBM 设计与制造的不断探究，国产 TBM 的性能、技术、质量与规范化等方面日趋成熟，这改善了 TBM 依赖国外进口的局面，为隧道建设增添了一柄国之利器。综上所述，TBM 工法将成为我国大型水工、铁（公）路隧道和矿山深井等建设的必然选择。

针对不同的地质条件，从广义上讲，TBM 大致可分为护盾式（单护盾和双护盾）和敞开式两种类型[7]。护盾式 TBM 多应用于软岩地层，敞开式 TBM 主要应用于稳定性较好的坚硬地层。本研究中 TBM 类型为敞开式，在局部有不稳定围岩时，敞开式 TBM 可通过安装锚杆、立拱架、加钢筋网、喷射混凝土等方法加固围岩；当遇到破碎带或局部软弱围岩时，可采用灌浆设备预先加固前方围岩，待前方围岩强度达到自稳后再通过；在围岩稳定性极差时，可采用钻爆法替代 TBM 工法施工。敞开式 TBM 整机由刀盘刀具、刀盘回转系统、刀盘轴承和密封、支承壳体和机架、支撑推进系统、电气系统、液压系统、激光导向装置、排渣设备、控制及通信系统等多部分组成。敞开式 TBM 工作时，撑靴撑紧在洞壁上，提供刀盘开挖时的反作用力，推进油缸推压主梁，主驱动带动刀盘旋转，此时滚刀侵入掌子面，挤压、破碎掌子面岩石并做同心圆运动，岩渣借助重力落至洞底，并由铲斗带动至溜渣板后经皮带机出渣[8, 9]。

随着我国整体经济发展，长距离、大埋深、高应力成为隧道建设的显著特点。隧道建设也逐步向地层和水文条件复杂、施工环境恶劣方向发展，地层围岩稳定性差、岩性变异多、围岩等级差异大、断层破碎带和软弱夹层等不良地质频繁出现，高强度（单轴抗压强度高达 250MPa 以上）及高石英含量（最高达 70%）的围岩环境比例增高等[10, 11]。岩性变异多体现在隧道工程中分布着多种不同种类的岩石，如吉林引松工程某标段岩性有凝灰岩、砂砾岩、炭质板岩、砂岩、凝灰质砂岩、灰岩、闪长岩、泥质粉砂岩、石英闪长岩、花岗岩、钠长斑岩等。围岩等级差异大体现在 TBM 多适用于Ⅲ类围岩，但Ⅱ、Ⅳ和Ⅴ类围岩也存在，使 TBM 的操控难度增大。TBM 的地质适应性差，灵活性远不如钻爆法，导致滚刀磨损和卡机等问题频发[12]。此外，地质条件的动态变化，也对 TBM 操作员提出了更高要求，如多变的岩性和围岩等级的差异，以及断层破碎带的存在对 TBM 的操控构成了很大的挑战。

因此，开展岩性与围岩等级感知、断层超前预警与 TBM 掘进参数预测研究，对 TBM 安全高效施工具有重要意义。TBM 施工过程如同一个大型破岩试验，采用搭载在 TBM 机身上的传感器参数监测 TBM 运行状态。据研究表明，TBM 掘进参数能够反映 TBM 与围岩的动态交互过程[13]。所采集的参数包含掘进、液压、电气和机械等参数，如吉林某 TBM 工程采集了 199 个掘进参数，采集频率为 1 Hz。此外，TBM 施工数据具有如下特点：数据体量大（多达几百 GB）、数据类别多样（包含 TBM 施工数据和地质信息）、数据增长快速（吉林某 TBM 工程每秒采集 199 个参数）、数据价值密度低（仅 TBM 掘进循环为有效数据）。从上述特点分析，TBM 施工数据属于大数据。TBM 传感器参数被实时采集，但存在大量无效数据且数据存在异常值等，需基于施工数据特点开展数据预处理方法研究。TBM 隧道掌子面较小且金属机械结构会产生复杂的电磁环境，导致钻探法和大部分物探法受到限制。此外，鲜有用于预测岩性的智能算法，围岩等级的预测准确性仍待提高，需开展岩性和围岩等级感知模型研究以快速判识隧道围岩信息。断层影响 TBM 施工进度，危及人员及设备安全，大部分勘测方法无法实时感知隧道断层位置，基于智能方法可实现断层位置超前预警。大部分智能算法在高方差的 TBM 施工数据中性能较差，开发适用于 TBM 施工特点的掘进参数预测模型有助于改善预测精度。

本书依托吉林某 TBM 工程，结合数据分析、理论分析与机器学习揭示预测岩性和围岩等级的关键 TBM 参数，探讨断层前 TBM 岩机交互参数响应规律，实现超前感知并建立断层感知模型，建立总推进力模型和推进速度多步实时预测模型以辅助设定掘进参数。本书研究成果具有良好的科学研究和工程应用价值，可为未来 TBM 智能化施工提供借鉴。

国内外学者开展了 TBM 施工数据预处理方法研究、隧道岩性和围岩等级感知模型研究、TBM 掘进参数预测模型研究，以及 TBM 施工智能系统研究。预测模型研究多基于机器学习方法，机器学习涉及概率论、统计分析和凸分析等理论，从已知的数据中学习潜在的规律和知识模型，可用于分类、回归和聚类问题[14]。分类和回归的本质区别是标签的连续性问题，如围岩等级是分级（类）问题，TBM 掘进参数预测则是回归问题。TBM 领域的大部分研究可归结为监督学习，即已知预测问题的标签。而无监督学习则主要用于发掘潜在的 TBM 施工数据是否可以划分为不同的组或簇。TBM 领域最广泛的无监督学习被应用于围岩等级的再分类。很多学者认为，传统钻爆法采用的围岩等级分级方法不适用于 TBM 领域。因此，无监督学习中的聚类方法常被用于建立新的围岩等级。半监督学习方法介于无监督学习和监督学习之间，采用已知数据标签和未知数据标签进行训练和预测。半监督学习逐渐成为一种热门，因为在处理海量的 TBM 施工数据时，数据标注是很困难且极其耗时的。从已发表的文献来看，TBM 领域的大部分研究为监督学习，且涉及分类、回归和聚类问题。

1.2 数据预处理方法在 TBM 大数据中的应用

TBM 施工过程中，搭载在 TBM 上的传感器每天 24 小时实时采集信息，这意味着 TBM 非施工过程中的数据也会被采集。因此要剔除无效数据，提取 TBM 的施工数据。通常 TBM 有效施工数据为一个有效的 TBM 掘进循环，且掘进循环以 TBM 开关机为准。一般情况下，掘进循环的掘进距离为 1.8m。但 TBM 故障或人为干预与架设钢拱架时，掘进距离通常无法达到 1.8m，因此需要提取有效的掘进循环。在工程现场，掌子面地质复杂或 TBM 传感器异常等常导致大量数据异常值存在，而传感器故障时无法正常收集数据会存在缺失值。异常值和缺失值的存在导致机器学习模型的预测性能降低。TBM 掘进循环通常可以划分为空推段、上升段、稳定段和停机段，空推段和停机段为无效数据，需较精准地划分出这四个阶段。因此，为了尽可能地保证 TBM 施工数据质量，需要对 TBM 施工数据进行预处理。国内外学者对 TBM 施工数据预处理方法研究主要可以归纳为两大类：建立较为完善的 TBM 施工数据预处理方法；处理 TBM 施工数据中的异常值和含噪声的数据。

这里先归纳国内外学者较为完善的 TBM 施工数据预处理方法研究。王超[15]基于刀盘转速、推进速度、刀盘扭矩和总推进力剔除了 TBM 非工作状态数据并基于标准差法剔除了掘进参数中的异常值。Sun 等[16]采用克里金插值法估算工程采样点之间的地质情况，以匹配施工参数的规模，并提出了一种编码方法将 TBM 施工类别数据与连续数据进行融合。Zhang 等[17]提出了一套较为完整的数据预处理方法，首先基于刀盘转速、推进速度、刀盘扭矩和总推进力 4 个参数提取 TBM 有效数据，然后将一个完整的掘进循环划分为启动、稳定和停机三个阶段，基于多变量正态分布方法对异常值进行检测，采用小波变换的方法对 TBM 施工数据进行去噪，采取一种新的数据归一化方法使刀盘转速、推进速度、刀盘扭矩和总推进力 4 个值保持在相同量纲下，最后使用综合层次聚类算法来压缩原始数据使其降低数据量。侯少康等[18]构造了二值状态判别函数剔除无效 TBM 施工数据，剔除超出额定数值的掘进参数，过滤掉掘进长度小于 1m 的掘进循环，并提出了一套掘进循环划分算法。

朱梦琦等[19]基于“3σ 准则”剔除了异常值，并将掘进循环划分为空推段、上升段和停机段。王心语[20]针对 TBM 掘进循环提出了一套上升段与稳定段划分与提取方法，并采用绝对中位数与马氏距离筛选并修正异常值。刘欢[21]提出了一套掘进循环划分算法，基于“3σ 准则”剔除数据中的异常值并基于小波变换对数据进行降噪。Chen 等[22]提出了一种 TBM 掘进循环划分算法来判识 TBM 工作阶段，基于数据统计方法剔除了异常值并对推进速度和刀盘扭矩进行了数据平滑以消除噪声的影响。Xiao 等[23]基于 4 个标准（如清晰的加载段和合理的掘进长度，合理的掘进长度大于 0.1m 且掘进时长大于 1min）从原始 TBM 施工数据中提取有效掘进循环，基于数据分布（“3σ 原则”）剔除数据中的异常值。

目前的异常值检测方法可以分为三大类：基于统计的方法（包含数据分布和密度）、基于距离的方法（如 K- 近邻方法中的欧式距离、曼哈顿距离、切比雪夫距离、闵可夫斯基距离和余弦距离等）和基于机器学习的无监督方法。在近些年的研究中，许多学者重点关注 TBM 施工数据中的异常值处理及去除噪声数据。通常 TBM 噪声数据是由于机体振动或地质条件复杂引起的 TBM 施工数据波动。此外，异常值剔除后属于缺失值，部分学者采用不同的策略进行填充，包含了均值填充和插值填充等。

Zhao 等[24]考虑了支持向量机和 K- 近邻两种方法来剔除异常值，支持向量机以支持向量为决策边界，边界之外即为异常值，而 K- 近邻是根据数据点邻域的密度进行剔除，事实证明 K- 近邻在 TBM 施工大数据中有更高的计算效率。Yu 等[25]提出了一套 TBM 施工数据预处理方法，分别对两种情况提出了异常值处理方法：记录的行程正常，记录的掘进速度为零；其他掘进参数中的一些异常值，与其相邻数据点有很大偏差。第一种情况是不直接删除数据，而是采用滑动窗口平均策略进行填充；第二种情况则是采用孤立森林方法删除异常值并采用均值填充，此外还可用小波变换去除数据噪声。Fu 等[26]发现采集的盾构数据存在无效数据，包含错误值、数据为 0 的值和一些数据噪声，对于存在噪声的数据，计算每个数据点的标准分数，若超过阈值则识别为异常值并将其删除。Wu 等[27]基于刀盘转速、总推进力、刀盘扭矩和贯入度剔除了 TBM 日常维护、换刀和非正常停机的无效数据，采用孤立森林剔除了 TBM 施工数据种的异常值，并剔除了掘进时长小于 500s 的掘进循环。

Xiao 等[28]针对 TBM 施工大数据中人为或机械错误引发的无效数据提出了预处理方法，无效数据划分的依据为机械缺陷、传感器缺陷、人为中断和文件丢失等。Yang 等[29]基于 TBM 施工数据分布来剔除异常值，并认为当数据较多且对精度要求较低时可以使用拉依达准则。Shan 等[30]采用滑动平均方法去除推进速度中的噪声数据，并认为滑动平均方法不会对原始数据造成影响。Xin 等[31]针对地质参数中的缺失值采用了克里金插值法，并被证明有较好的应用效果。

目前，大部分学者划分 TBM 掘进循环时没有考虑 TBM 的掘进特点和数据规律，而是取其经验值，如将前 2.5% 的数据设定为空推段，后 2.5% 的数据设定为停机段。TBM 的掘进特点具体表现为：空推段中滚刀未接触掌子面；上升段中滚刀接触掌子面随时间变化掘进参数持续增长；依据上升段中掘进参数的变化确定稳定段参数并持续稳定掘进，待满足掘进要求后停机。数据规律则为 TBM 掘进参数的变化，如推进速度通常是在空推阶段先急速上升，在滚刀接触掌子面时骤然降低减小滚刀载荷，并缓慢持续增加。掘进参数存在异常值、数据分布的差异性应分别考虑上升段和稳定段不同的缺失值填充方法。目

前，大部分学者基于掘进参数的数据分布剔除异常值（如“3σ 原则”），而这种异常值处理是建立在数据为正态分布之上的。

1.3 岩性与围岩等级感知相关模型

TBM 在长隧道工程中不可避免地会遇到不同岩性的复杂地层，如花岗岩、闪长岩和凝灰岩。岩性的变化意味着岩石中的矿物成分（如石英含量）和脆性指数可能有所不同。这些差异导致刀盘的磨损程度不同，进而影响到隧道掘进机的掘进效率。同样，在不同的岩性下，TBM 滚刀的破岩阻力也存在差异。破岩阻力随着单轴抗压强度的增加而增加，这严重影响了 TBM 的破岩效率[32]。由此可见，岩性是影响硬岩长隧道 TBM 开挖和施工进度的关键因素。此外，长距离隧道的施工过程具有随机性、复杂性和不确定性。因此，施工进度的制定及实施都是动态的。从感知岩性的角度来看，在 TBM 施工前有一个基于地质条件的预期认知，可以在一定程度上避免因地质条件的不确定性造成的额外成本。

TBM 隧道施工中使用的传统岩性识别方法有地质调查、地质分析和地球物理探测法[33]。这些方法在钻爆法开挖中是有用的，但大部分地球物理探测法不适用于 TBM 隧道。TBM 隧道复杂的电磁环境是不适用的主要原因[34]，有些方法需要暂停 TBM 施工，还有一些方法需要在掌子面进行额外的超前钻探工作，容易耽误施工进度，增加施工成本。而这些方法大部分不能实时感知岩性。在这种情况下，需要新的岩性识别方法作为钻探法和物探法的补充，实现高效的 TBM 隧道施工。因此，通过机器学习来感知岩性是一种低成本、高效率的方法。

在油气储藏勘探领域，机器学习已经被广泛应用于岩性感知[35]，即测井数据作为输入，岩性作为输出。目前，BP 神经网络[36]、改进的玻尔兹曼机[37]、梯度增强决策树[38]、支持向量机和随机森林[39]、隐马尔可夫模型[40]等已被广泛应用于岩性感知。岩性对 TBM 掘进参数的影响是显著的，如侯少康等[18]将岩性作为输入特征预测推进速度和总推进力等参数。基于 TBM 施工数据来感知岩性的研究较少，具体原因可能是建立长距离隧道 TBM 施工数据

所对应的岩性数据集是较困难的。可见，尽管在隧道施工领域较少见，但基于机器学习感知岩性是可行的。

TBM 安全高效掘进的关键是保证TBM施工与周围岩体的地质条件相适应。围岩等级是调控 TBM 的重要依据[41]。隧道中围岩等级的动态变化对合理操控 TBM 提出了很大挑战[42]。此外，TBM 对变化的地质条件高度敏感，因此，准确感知围岩等级对安排施工进度和评估开挖成本至关重要[13, 43]。迄今为止，已经积累的围岩等级分级方法主要有 Q 系统[44]、RMR[45]分级法、BQ 分级法及中国水利水电工程围岩分级法（Hydropower Classifying，HC）等[46]。不同的分级方法考虑的地质因素各不相同。Q 系统主要考虑了岩体完整性、节理特性、地下水和地应力影响，并以 6 个参数确定反映隧道稳定性的岩体质量指标 Q 值。RMR 分级方法主要通过岩石的单轴抗压强度、岩石质量指标、结构面间距、结构面状况、地下水状况和结构面方位评价岩体质量。BQ 分级法主要将岩石强度和岩体完整性程度作为定量分析指标，地下水状态和结构面方位等仅作为定性分析的修正因素。中国水利水电工程围岩分级法以岩石强度、岩体完整性程度、结构面状态为基本因素，以地下水及主要结构面产状为修正因素。然而，上述方法需通过施工现场钻芯取样、原位试验和室内实验等获得岩体参数，存在劳动强度大、成本高等问题，特别是在高应力、大埋深和超长隧道中更为困难。因此，对于 TBM 隧道，传统的地质预报手段多采用超前钻探或地球物理探测等[33, 47]。但采用上述方法感知围岩等级时，需要 TBM 停机，预报所需成本高，严重影响施工进度，故其应用受到一定限制[43, 48, 49]。

基于此，一些学者基于 TBM 掘进参数开发了预测岩体力学参数的智能模型。在假设圆盘刀具的总推进力随岩石强度和切削深度的乘积线性增加的前提下，通过总推进力、刀盘扭矩和贯入度可估计岩石强度[50]。除考虑 TBM 开挖过程中获得的施工数据外，结合地质导向钻井数据能够提高地质感知精度[51]。张娜等[52]基于 TBM 运行参数，利用多步回归和聚类分析等方法实时感知围岩等级、体积节理数和岩石强度等参数。Zhao 等[24]提出了一个数据驱动框架，基于 TBM 施工数据预测内摩擦角、变形模量、泊松比和侧压力系数等 7 个岩体参数。基于模拟退火算法优化后的 BP 神经网络，利用刀盘总推进力、扭矩、刀盘转速和推进速度可准确预测单轴抗压强度和脆性指数等[42]。

上述研究证实了 TBM 掘进参数与岩体参数之间的相关性。隧道围岩等级分级与感知是目前的主要研究方向之一。何等[53]利用岩石的单轴抗压强度、硬度、耐磨性和岩体的结构面发育程度 4 个地质参数划分出了 TBM 施工条件下的围岩等级分级方法。并在利用 TBM 掘进参数感知围岩等级方面开展了一些研究。Zhang 等[43]将刀盘转速、推进速度、刀盘扭矩和总推进力作为输入，将聚类算法得到的新的围岩等级作为输出，建立了支持向量机、随机森林和 K- 近邻的感知模型。朱等[19]认为刀盘转速、撑靴压力、撑靴滚动角、推进速度和撑靴俯仰角能更好地反映围岩状况，并基于随机森林和 AdaCost 建立了围岩感知模型。分类、回归树、AdaBoost 算法也被用于感知围岩等级[41]。Liu 等[41]基于合成少数类过采样方法处理不均衡的围岩等级数据，通过推力、扭矩、推进速度、刀盘转速、滚动指数（TPI）、贯入指数（FPI）等模型建立了 AdaBoost 围岩等级模型。经研究表明，TBM 掘进（如刀盘转速和总推进力）蕴含了大量隐性地质力学信息，因而可采用机器学习挖掘岩 – 机相互作用潜在的互馈关系和知识模式[54]。因此，机器学习是实现岩性和围岩等级感知的重要方法。

不同岩性包含的矿物成分存在差异性，且物理力学性质不同。TBM 隧道施工数据具有时间连续性，已存在的感知岩性方法尚未考虑到这一点。随着 TBM 施工数据的积累，建立合适的机器学习模型探究 TBM 施工数据与岩性的映射关系可实现岩性的感知。大部分 TBM 隧道中，围岩等级数据不均衡，常用的分类算法（如随机森林和支持向量机）对类别较少的围岩等级数据感知精度较差。此外，上述研究对选择哪些掘进参数感知围岩等级，以及这些参数如何影响围岩等级感知模型的解释还不够。

1.4 断层感知相关模型

断层破碎带、极硬岩高磨蚀性地层、高地应力硬岩岩爆和富水地质等作为不良地质严重影响 TBM 施工，具体体现在施工效率、工程质量、施工安全等方面。本节重点分析断层感知方法，以及断层引起塌方对施工产生的影响等。

当 TBM 穿越断层时，机器的性能会明显降低，甚至会发生工程事故，如

开挖面失稳、机体振幅增加[55]、卡机、拱顶坍塌等[56]。这不仅增加时间成本与工程成本，也对工程安全构成威胁[57]。当在没有预警情况下遇到不利条件时，隧道开挖利用 TBM 工法施工往往比钻爆法施工的风险大得多[58]。先前的案例已经证明，在断层带中进行掘进会严重影响 TBM 施工。表 1.1 统计了受断层影响的国内已建典型 TBM 隧道工程，严重的情况是导致工程永久停止，例如希腊的 Evinos-Mornos 隧道、意大利的 Pont Ventoux HEP 引水隧道[59]、土耳其的 Tuzla 隧道[60]、埃塞俄比亚的 Gilgel Gibe Ⅱ 隧道、伊朗的 Alborz 隧道和土耳其的 Kargi Kizilirmak 隧道[61]，还有中国的引大济湟工程和引洮供水工程等。

表 1.1　遭遇断层影响的已建典型 TBM 隧道工程

序号	工程名称	隧道长度（km）	TBM 类型	开挖直径（m）
1	西秦岭隧道	28.236	敞开式	10.2
2	桃花铺一号隧道	7.23	敞开式	8.8
3	磨沟岭隧道	6.114	敞开式	8.8
4	引汉济渭秦岭隧洞岭南段	18.275	敞开式	8.02
5	引大济湟总十渠引水隧洞	24.166	双护盾	5.93
6	万家寨引黄工程	124.52	双护盾	4.819~6.125
7	掌鸠河引水供水工程上公山隧洞	13.769	双护盾	3.665
8	大水网中部引黄工程	23.4	双护盾	5.06

目前，断层超前判识主要借助超前地质预报，具体方法主要包括地质分析法、超前钻探法和地球物理物探方法等[62]。但这些方法常需要增加额外的工序，多用于钻爆法施工隧道，在 TBM 隧道中由于作业空间有限而存在较大局限性。通过长期的工程实践，技术人员发现隧道施工过程中 TBM 传感器参数可有效反映掘进地层地应力信息和岩体物理力学性质的变化[43]。已有研究表明，软硬岩石的共同作用使断层呈现出极其复杂和不均匀的特性[12]，但在张应力与挤压力的作用下，断层处及其两侧岩体的密度、孔隙度、硬度等物理性质会发生不同程度的变化[63]。因此，寻找并建立断层附近岩体地质力学特性变化规律与施工过程 TBM 传感器参数的实时变化之间的关系模型，有望实

现断层超前判识与感知。

近年来，在采用机器学习方法进行断层等地质特征智能感知方面已开展了一些有益的探索。孙振宇等[63]通过分析构造部位和非构造部位地震属性特征，利用 4 个地震属性数据采用支持向量机建立了断层两分类后验识别模型。Jung 等[64]基于 TBM 机器参数建立人工神经网络模型实现了隧道掘进工作面前方软硬岩三分类预测。Zhang 等[43]基于刀盘扭矩、推进速度、总推进力和刀盘转速建立了随机森林、支持向量机和 K- 近邻的围岩等级感知模型。

在大部分研究中，断层是发生塌方的一个重要原因。因此，笔者总结了其他学者在塌方研究中的进展以便启发读者。隧道开挖导致围岩应力重新分布，使围岩发生松弛和变形，从而试图达到新的平衡状态[65]。特别是在围岩条件变差或隧道薄弱处，随着围岩应力的调整易发生局部破坏，进而造成围岩失稳或塌方，如断层附近。塌方常造成机械设备损坏、施工成本增加、工期延误等问题，对施工人员的安全造成巨大威胁[66]。尤其是在 TBM 隧道中，塌方容易导致 TBM 卡机，这可能是灾难性的后果。塌方研究主要采用理论分析、数值模拟、模型试验、微震监测和人工智能等技术手段。在各种岩土工程中，Hoek–Brown 破坏准则比 Mohr–Coulomb 准则更适合解决非线性问题[67]，因此 Hoek–Brown 破坏准则更适合解决塌方的非线性演化过程[68]。通过 Hoek–Brown 破坏准则可推导任意开挖面隧道塌方机制的解析解[69]，同时可以分析出深埋和浅埋隧道中的塌方机制[70]。隧道塌方是典型的不连续变形块体的动力学问题，基于数值分析方法可对塌方全过程进行模拟。基于数值分析结果，隧道塌方可划分为裂隙启动扩展阶段、裂隙变速扩展阶段、裂隙加速扩展阶段、塌落阶段、塌落完成阶段[71]。同时，地层岩性是塌方事故频发的内在原因，地下水会增加塌方发生的可能性[72]。此外，塌方还具有明显的渐进破坏特征，不同岩性具有不同的破坏机制[73]。

室内模型实验可再现隧道的破坏现象。D. Sterpi 等[74]利用重力相似模型试验模拟分析了无支护或支护压力减小情况下的浅埋隧道工作面失稳破坏机制。基于室内实验发现在富水软岩隧道中，涌水是造成突泥塌方的根本原因，且隧道破坏一般从拱顶开始，呈拱形破坏形式[75]。张等[76]基于模型实验分析了城市均质软弱围岩浅埋和深埋隧道的塌方特征和演化规律后发现，浅埋隧道破裂面起于地表，深埋隧道则位于洞内。断层是影响隧道稳定性的重要因素，结合室内地质力学模型与数值分析发现，断层到隧道的距离减小会导致隧道变形量和塑性区的尺寸增加[77]。基于深部塌方破坏孕育过程微震活动的时空分布特征及演化规律，微震监测技术可揭示塌方孕育过程的岩体破裂演化机制[78]。

人工智能技术也被应用于隧道塌方风险评估。H.S.Shin 等[79]基于神经网络技术提出了一种新的隧道塌方危险性指数概念，并在 SYK 隧道得到了验证。此外，在钻爆法隧道中，已经有学者提出了一些智能模型。陈等[80]将 T–S 模糊故障树和贝叶斯网络互补融合，提出了一种隧道塌方易发性评价模型。Zhang 等[81]提出了一种基于多状态模糊贝叶斯网络的钻爆隧道塌方概率模型。很多 TBM 隧道中发生塌方是因为断层。针对断层可能会造成的影响，通常遵循三个重要措施[82]：在隧道掘进前评估哪类 TBM 更适用于该隧道掘进；对掌子面中的岩体进行灌浆处理，在 TBM 的刀盘后架设钢拱架和喷射混凝土支护；尽可能地选用适合的掘进参数以降低扰动，如短行程、低刀盘转速等。

断层处的物性发生变化（如岩石密度、硬度、孔隙度），出现断层泥和断层角砾岩等，断层附近的 TBM 掘进参数也可能出现不同程度的映射反映，可基于规律性变化超前感知断层。目前对于断层的智能感知研究尚不多见。同时，一般的研究多基于单一机器学习模型开展地质特征的超前感知，存在局限性大、准确率低等问题。加权投票模型算法可将两种及以上的机器学习方法融合，合理利用单一模型的差异性和互补性提高模型感知精度。断层超前感知需发掘哪些掘进参数可作为输入特征并能够表征断层前的前兆规律。

1.5 TBM 掘进参数预测的相关模型

近几十年来，众多学者多采用实验研究和理论模型对总推进力展开研究。大部分理论模型是基于全尺寸线性切割实验或岩石破碎机理进行研究[10]。美国科罗拉多矿业院基于实验数据提出了 CSM 模型，其中刀盘所需要的总推进力计算公式如下：

$$TF=\sum_{1}^{N}F_n \approx NF_n \qquad (式 1.1)$$

式中，N 为安装在 TBM 刀盘上滚刀的数量（边刀和中心刀默认没有区别）。

龚秋明等[83]采用线性切割破岩机来探究不同贯入度下 TBM 所需的总推进力，滚刀破岩过程如图 1.1 所示。

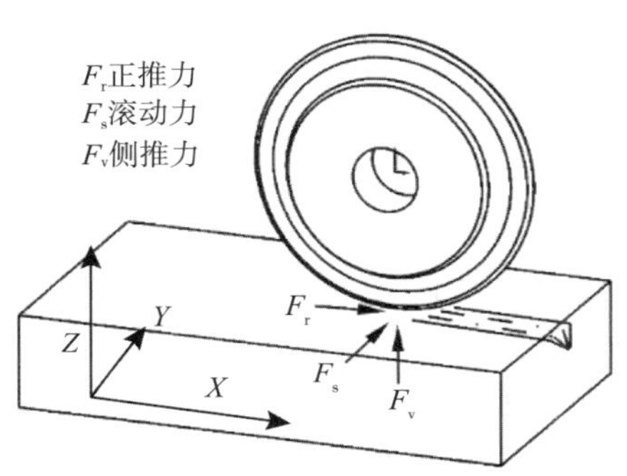

图 1.1 滚刀破岩过程示意图

Sanio[84]利用单刀所需的力来确定刀盘所需要的总推进力。Farmer 等[85]分析了扭矩和总推进力随钻头直径和岩石强度之间的变化关系。Shi 等[86]研究发现刀盘的开度比和土压力是确定总推进力的两个关键参数，并提出了相应的计算模型，但该模型仅被用于黏土隧道。Ates 等[87]分析了 TBM 设计参数之间的统计关系，发现地质参数和摩擦系数在预测总推进力时起关键作用。

在经验模型方面，Ramoni 等[88]基于理论的决策辅助工具，对总推进力进行了快速、初步评估。尽管提出的理论模型能够获取扭矩和总推进力的主要影响，但由于 TBM 施工的复杂性和特殊性，所提出的理论模型普适性较差，一般仅适用于特定地质条件，并且无法实时预测总推进力[89]。

掘进参数之间的潜在关系蕴含着 TBM 与地质条件相互作用的内在规律，发掘岩 - 机交互规律是获取潜在知识模式的关键，对设备的控制和安全运行具有重要意义[90]。人工智能的快速发展为挖掘数据之间潜在的内在规律提供了强有力的手段，并且在 TBM 总推进力预测方面已经显示出相当大的优势[64, 91-93]。人工智能建立非线性模型逼近目标输出时，具有较高的容错率和预测精度[91, 94]。Cachim 等[90]采用多层前馈人工神经网络对刀盘扭矩进行了预测。Acaroglu 等[95]建立了模糊逻辑网络用于预测总推进力。此外，为辅助 TBM 驾驶员设定合理的参数，已有研究基于 TBM 掘进循环上升段 30s 数据预测稳定段的刀盘扭矩和总推进力。Li 等[96]认为推进压力、齿轮密封压力、推进速度电位器设定值和左护盾压力等 10 个参数对预测刀盘扭矩和总推进力较为重要且长短期记忆网络能够处理数据之间的时序关系。周小雄[97]以总推力、刀盘扭矩、贯入度和刀盘转速为输入来预测稳定段的总推进力，并得到基于上升段 50s 数据可以平衡模型的预测性能。Zhu 等[19]发现刀盘功率、推进速度、刀盘转速均对预测刀盘扭矩和总推进力有影响。侯等[18]提出了一种改进的 PSO-BP 算法，认为除考虑刀盘扭矩、贯入度、刀盘功率、推进速度和总推进力外，岩性、围岩分级及地下水等也应该被作为特征输入对象。Wang 等[98]依据刀盘扭矩、刀盘功率、岩性和贯入等参数建立了支持向量机、BP-ANN、随机森林和梯度提升决策树 4 个模型来预测稳定段总推进力。

TBM 在进行隧道施工的过程中存在诸多问题，如对复杂地质条件的适应性较差，在应对不良工程地质条件时往往出现决策失误造成滚刀磨损（见图 1.2），导致推进效率大大降低，从而严重延误施工进度[99]。TBM 推进速度的预测可以提高 TBM 施工效率且保证施工的安全性[100]。目前，研究 TBM 施工性能的方法主要分为三大类：理论模型、经验模型和人工智能方法。

图 1.2　TBM 滚刀磨损

较为经典的 TBM 推进速度理论模型是科罗拉多矿业学院开发的 CSM 模型[101]。S. Yagiz[102]在 CSM 模型基础上，考虑了表征岩石脆性和破碎的指标提出了一个改进的 CSM 模型，具体公式如下：

$$RFI = -0.0187J_{\mathrm{S}} + 1.44\lg\alpha \quad \text{（式 1.2）}$$

$$BI = 0.0157PSI \quad \text{（式 1.3）}$$

$$PR = 0.859 + RFI + BI + 0.0969PR_{\mathrm{CSM}} \quad \text{（式 1.4）}$$

式中，J_{S} 为弱面间距，α 为弱面和隧道轴向间的夹角，PSI 为峰值斜率指数，PR_{CSM} 为最初的 CSM 推进速度预测模型，RFI 为岩石破碎指数，BI 为脆性指数。此外，A. Ramezanzadeh[103]也在 CSM 模型基础上基于 11 条超过 60 km 的隧道提出了一个刀盘每转进尺的预测模型。

经验模型可分为简单模型和复杂模型。P. J. Tarkoy[104]、P. C. Graham[105]、I. W. Farmer 和 N. H. Glossop[106]、F. Cassinelli 等[107]、P. Nelson[108]、W. E. Bamford[109]、H. M. Hughes[110]、N. Innaurato[111]等提出了一系列经验模型。复杂模型中最常用的是挪威科技大学开发的 NTNU 模型[112]，其推进速度预测公式为：

$$PR = \left(\frac{F_{n(\mathrm{ekv})}}{F_{n(1)}}\right)^{b} \quad \text{（式 1.5）}$$

式中，$F_{n(\mathrm{ekv})}$ 等效为单刀总推进力，$F_{n(1)}$ 为每转进尺为 1 mm/rev 时的单刀总推进力，b 为贯入系数。除了 NTNU 模型，N. R. Barton[113]在 145 条 TBM 隧道基础上提出了 $\mathrm{Q_{TBM}}$ 模型。$\mathrm{Q_{TBM}}$ 模型建立在 Q 系统基础上，并且考虑了岩－机相互作用，不仅可以用于推进速度预测，还能预测利用率和施工速度。计算公式为：

$$Q_{\mathrm{TBM}} = \frac{RQD_0}{J_{\mathrm{n}}}\frac{J_{\mathrm{r}}}{J_{\mathrm{a}}}\frac{J_{\mathrm{w}}}{SRF}\frac{SIGMA}{F_{\mathrm{n}}^{20}/20^{9}}\frac{20}{CLI}\frac{q_{\mathrm{s}}}{20}\frac{\sigma_{\theta}}{5} \quad \text{（式 1.6）}$$

$$PR = 5(Q_{\mathrm{TBM}})^{-0.2} \quad \text{（式 1.7）}$$

式中，RQD_0 为沿着隧道轴向的 RQD 值，J_{n}、J_{r}、J_{a}、J_{w}、SRF 与 Q 系统中定义的含义相同，$SIGMA$ 为岩体强度，CLI 为刀具寿命指数，q_{s} 为石英含量，σ_{θ}

是沿着隧道掌子面的平均双轴应力。Q_{TBM} 模型的使用要保证 $Q_{TBM}>1$，若小于 1，通常存在突涌水、掌子面不稳固、撑靴提供的支持力不足等问题，因此要降低总推进力避免机器的损坏与滚刀的磨损，这会导致推进速度降低。

除了上述提及的 NTNU 模型和 Q_{TBM} 模型，Alber[114]、G. M. Alvarez 等[115]、Z. T. Bieniawski 等[116]、Farrokh[117]、J. Hassanpour[118] 也提出了相应的经验模型来预测推进速度。人工智能方法在 TBM 推进速度预测中得到了广泛应用。通过文献调研，笔者总结了人工智能方法在预测推进速度时的输入特征和所使用的模型，如表 1.2 所示。

表 1.2 中所提及的文献可以称为推进速度的非时间预测模型，该模型主要为每个 TBM 循环提供一个建议值。机器学习模型（如支持向量机、随机森林、人工神经网络和贝叶斯模型）不适合处理时间序列问题[119, 120]，因为 TBM 施工数据的体量较大，传统机器学习方法很容易达到模型性能的上限。如人工神经网络模型仅采用一层隐含层无法拟合出较为满意的性能。TBM 施工数据具有数据量大、数据结构复杂等特点，单一算法在复杂的数据结构中预测精度低，因此集成算法逐渐成为 TBM 施工领域的主流。经典的随机森林算法将决策树作为基学习器，选择一组决策树（数量大于 1）来学习数据中的规律，预测结果是以一组决策树的投票结果决定的。集成算法实现了较高的预测精度，但时间成本较高。尤其是 TBM 施工领域的大数据，优化机器学习模型中的超参数是极耗时的。机器学习模型中的超参数具有不同的设定值，如 ANN 算法中隐含层神经元数量、不同的激活函数等。因此，TBM 施工领域涌现出大量的混合机器学习模型，如将优化算法与 ANN 算法结合来预测 TBM 的推进速度。

表 1.2　预测推进速度的智能模型

输入数据		模型	参考文献
地质参数	TBM 掘进参数		
UCS、CFF	CT、TF、RPM	ANFIS	[121]
UCS、BI、DPW、α	–	ANN	[6]
UCS、DPW、BTS、PSI、α	–	FIS	[122]
UCS、DPW、RQD	–	ANN	[123]

续表

输入数据		模型	参考文献
地质参数	TBM 掘进参数		
UCS、BI、DPW、BTS、α	–	PSO	[124]
USC、PSI、DPW、BTS、α	–	ANN	[125]
UCS、DPW、BI、α	–	FIS	[126]
UCS、BI、BTS、DPW、α	TF、CT、SE、CP	SVR	[127]
UCS、DPW、BI、α	–	GWO、DE、HS-BFGS	[128]
UCS、RQD、RMR、GSI、BTS、J_s、Q、α	–	SVR、ANFIS	[129]
UCS、DPW、BI、α	–	贝叶斯模型	[130]
UCS、RQD、BTS、RMR	TF、RPM	PSO-ANN、ICA-ANN	[131]
UCS、DPW、BI、α	–	SVR	[132]
UCS、RQD、BTS、WZ、RMR	TF、RPM	GEP	[133]
UCS、RMR、BTS、RQD、WZ	TF、RPM	DNN	[134]
UCS、RQD、GSI、BTS、J_s、α 等	TF、CP、RPM	SVR、ANN	[135]
UCS、BTS、PSI、α	–	Monte Carlo-BP 神经网络	[136]
UCS、RQD、BTS、RMR	TF、RPM	WOA- GEP	[137]
UCS、RQD、RMR、BTS、RMW	TF、RPM	XGB	[138]

注：UCS，单轴抗压强度；CFF，岩芯断裂频率；BI，岩石脆性指数；DPW，弱点平面之间的距离；α，弱面和隧道轴向间的夹角；BTS，巴西抗拉强度；PSI，峰值斜率指数；J_s，节理间距；RQD，岩石质量指标；RMR，岩体等级；GSI，地质强度指标；Q，Q 系统；WZ，风化区域；RMW，岩体风化；CT，刀盘扭矩；TF，总推进力；RPM，刀盘转速；SE，破碎比能；CP，刀盘功率；ANFIS，适应性神经－模糊推理系统；ANN，人工神经网络；FIS，模糊推理系统；PSO，粒子群优化算法；SVR，支持向量回归；GWO，灰狼优化算法；DE，进化算法；HS-BFGS，混合和声搜索；ICA，帝国竞争算法；GEP，因表达式编程；DNN，深度神经网络；WOA，鲸鱼优化算法；XGB，极端梯度提升算法。

优化算法是提高模型的重要利器，并且一直在持续改进。优化算法在 TBM 领域被广泛应用，主要是提高机器学习模型拟合数据的性能。J.Holland 根据生物界中的遗产和进化过程，通过选择、交叉和变异等进行仿真，提出了经典的遗传优化算法[139]。Kirkpatrick[140]等根据物理中固体的退火过程提出了模拟退火算法。M.Dorigo[141]受蚁群行为的启发，模拟蚁群个体中信息交流和协作过程，提出了蚁群优化算法。Kenney 与 Eberhart[142]模拟鸟群捕食行为，提出了经典的粒子群优化算法。结合优化算法的混合模型能显著提高模型预测推进速度的性能。

为了提取更深层次的特征，解决 TBM 施工大数据预测精度低的问题，深度学习成为当前的研究热点。近些年，众多学者采用深度学习方法预测 TBM 掘进参数。深度学习比 ANN 算法有更多的隐含层，并具有特殊的结构来处理不同的输入数据。Hochreiter 提出了一种循环神经网络（Recurrent Neural Network，RNN）的变体——长短期记忆网络（Long Short-Term Memory，LSTM），其在自然语言翻译和时间序列问题上具有优异的性能[143]。卷积神经网络逐渐成为图像识别领域中的利器。卷积神经网络（Convolutional Neural Networks，CNN）可以采用特殊的结构设计（如卷积和池化层）来提高模型性能，如 Hinton 在卷积神经网络基础上建立了 AlexNet 模型[144]，Google 建立了 GoogLeNet[145]，何凯明提出了残差结构建立了 ResNet[146]。卷积神经网络处理的数据形式是矩阵，除了进行图像识别，具有时间序列特点的 TBM 施工数据同样适用。

因此，基于深度学习的时间序列预测模型，被用于实时推进速度预测[147]。实时预测可以理解为基于每个循环的过去时间步（s）来预测未来的时间步，如图 1.3 所示。最近的研究表明，基于 CNN 提出的时序卷积网络（Temporal Convolutional Network, TCN）比 LSTM 可以处理更长时间序列的数据，且具有更为简单和精确的框架结构设计，在长序列的预测问题上，其预测精度比 LSTM 更高[148]。因此，刘造保等[149]基于 TCN 网络实现了推进速度的动态单步实时预测。除单步实时预测外，Fu 等[26]同样使用 LSTM 实现了贯入度速率的多步实时预测。Pan 等[150]利用图卷积网络（Graph Convolutional Networks，GCN）实现了推进速度的多步实时预测。多步实时预测比单步实时预测具有更高的工程应用价值，但单步实时预测为多步实时预测奠定了理论基础。多步实时预测可以基于当前掘进循环下的历史数据来推演推进速度接下来的趋势，为 TBM 操作人员提供动态的设定过程。目前，大部分学者多基于 TBM 数据特点提出混合模型来提高模型预测推进速度的性能。除上述深度学习框架外，

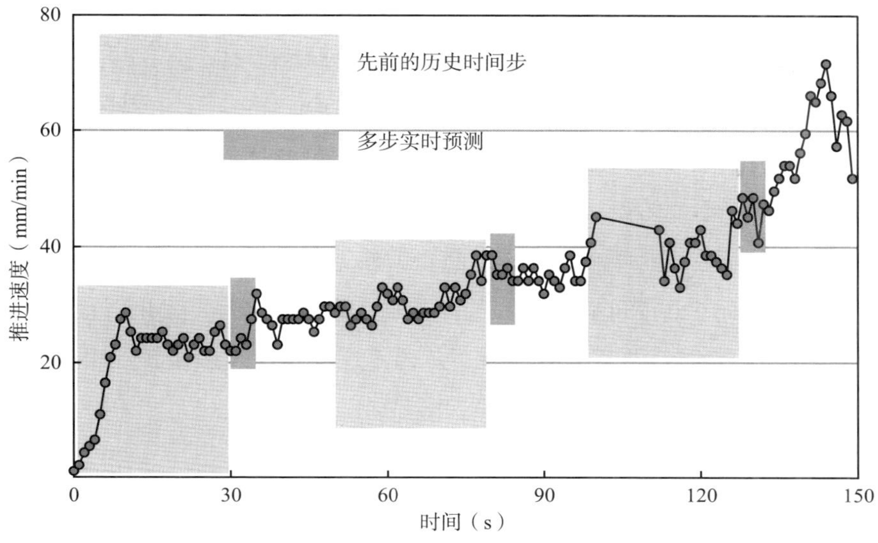

图 1.3 推进速度的多步实时预测示意图

图神经网络（Graph Neural Network，GNN）[151]、生成式对抗网络（Generative Adversarial Networks，GAN）[152]等均是近几年较为流行的深度学习框架，目前均已应用在 TBM 施工领域。

总推进力的超前实时预测有助于操作人员评估当前地质条件并设定相应的掘进参数，已有研究中多基于 TBM 掘进循环上升段 30s 数据预测稳定段的总推进力。然而，目前的研究并没论证选取 30s 数据的合理性。此外，对于影响总推进力的关键掘进参数存在较大的差异性，如有些学者选取刀盘功率、推进速度、刀盘转速等参数，但有些学者认为应同时考虑齿轮密封压力等参数。在一定程度上，特征选择不合理，也导致模型不能准确预测。深度学习模型超参数优化与训练时间长，从工程应用角度看时间成本也是很重要的。线性模型优化时间短，能够快速预测总推进力，但 TBM 施工数据的复杂性导致线性模型预测性能差。建立新的非线性模型是 TBM 施工过程快速预测总推进力的关键。机器学习方法在 TBM 推进速度预测方面已经有了很好的研究进展，相较于传统预测方法，基于机器学习方法建立的 TBM 推进速度预测模型具有更好的泛化性、可操作性、非线性映射等优势。但不同学者选择的输入参数不同，导致预测模型精度存在差异，还需进一步深入研究哪些输入参数是影响推进速度预测的关键因素。TBM 施工过程中掌子面的岩体条件是非均质的，仅提供一个掘进循环的参考建议值是不够的，推进速度的设定是随着时间动态调整的，这个过程中要参考众多因素，如电流和皮带压力等。考虑到以往 TBM 施工大数据中的规律，建立动态推进速度多步实时预测是必要的。多步实时预测将一个掘进循环中的历史数据用作模型的输入数据，以预测推进速度接下来的趋势。然而将无限制的序列长度（时间步）作为输入是困难的，因为在现有模型中建立长时间历史时间步与未来之间步的关联是困难的。因此，需要为长序列的 TBM 施工数据开发适应的模型，并探究序列长度及多步预测对模型预测性能的影响。

2 TBM隧道施工大数据预处理方法

2.1 概述

为了调控TBM，保证施工安全高效运行，需要安装传感器实时动态监测TBM的电流、液压及机械参数，如监测电流、扭矩和总推进力的参数，同时要观察护盾压力、皮带压力等以避免参数设定不合理。因此，TBM施工数据中包含掘进与非掘进的数据，非掘进数据通常被称为无效数据，具体包括TBM换步、故障、日常检修、工作交接等。施工数据中大部分为无效数据，剔除TBM非工作时间的数据，以获取有效的TBM施工数据是数据处理的关键。

TBM施工数据的掘进循环包含不同阶段，目前的共识是划分为四个阶段，包含空推段、上升段、稳定段和停机段[19]。上升段与稳定段是TBM掘进循环的有效数据，空推段包含TBM克服摩擦力实现掘进等信息。TBM掘进循环的4个掘进段具有不同的掘进特点和数据规律，需考虑其特点建立掘进循环提取与划分算法。

TBM掘进过程中，机体振动频率大和复杂的地质条件会对传感器产生影响，导致出现远大于额定值的数值，将其作为输入会导致模型性能降低，所以选择合理的异常值检测方法剔除异常值并进行数据填充是至关重要的。TBM掘进循环的上升段和稳定段的数据分布具有差异性，目前大部分研究基于“3σ原则”来剔除异常值[21]，小部分学者考虑了孤立森林算法[27]。“3σ原则”是建立在TBM施工数据符合正态分布的基础上，因此其适用性受到限制。孤立森林算法在剔除异常值时需要设定阈值，因此阈值的选取决定了剔除异常值的数量。部分学者认为 TBM 施工数据中存在噪声数据，因此大部分学者采用滑动平均与小波变换去除噪声数据[25]。

除了 TBM 传感器参数异常导致存在缺失值，剔除异常值后数据也存在缺失值。由于上升段与稳定段的数据分布具有差异性，因此缺失值需要分段填充。对 TBM 施工数据进行预处理是为了保证数据完整，以此挖掘大数据背景下的 TBM 岩 – 机相互作用规律，探究隧道围岩地层信息感知及掘进参数预测模型。

为了提取 TBM 施工的有效数据，本文基于刀盘扭矩、刀盘转速、推进速度、总推进力和掘进长度等剔除了非施工数据。针对 TBM 掘进过程的施工特点和数据规律，本文提出了掘进循环四阶段划分算法，包含空推段、上升段、稳定段和停机段。数值超过掘进参数额定值则判识为异常值，予以剔除。考虑到上升段与稳定段数据分布的差异性，本文提出了拉格朗日插值和均值插值的缺失值填充方法。

2.2 TBM 施工大数据特点

以吉林某 TBM 工程为例分析 TBM 施工大数据特点。吉林某 TBM 工程开挖采用敞开式 TBM 进行掘进，该设备装备了 56 把滚刀，驱动功率为 3 500 kW，最大推进速度为 120 mm/min，额定总推进力为 23 260 kN，如表 2.1 所示。56 把滚刀中正滚刀和边滚刀的数量共计 48 把，且均为直径为 48.26cm 的单刃盘形滚刀，中心刀的尺寸略小，为直径 43.18cm 的双刃盘形滚刀，共 8 把。TBM 有效掘进天数为 728 天，TBM 信息采集频率为 1 Hz，每秒采集 199 个参数（如刀盘扭矩、总推进力等），总监测数据量达到了 120 GB。可见，TBM 施工数据在采集过程中有数据增长快的特点。收集的数据不仅包含了 TBM 施工数据，还包含了围岩地层信息，如岩性、围岩等级和断层等。TBM 施工数据体量大，但数据价值密度低。换言之，TBM 施工数据中包含了大量非工作时间数据，如检修、换步、停机等。总之，收集的 TBM 施工数据具有体量大、类别多样、增长快速且价值密度低等特点。

表 2.1 TBM 的主要参数

参数	设计值	参数	设计值
设备重量	180（t）	推进速度	120（mm/min）
额定总推进力	23 260（kN）	刀盘功率	3 500（kW）
开挖直径	7.93（m）	最大撑靴支撑力	46 028（kN）
额定扭矩	8 410（kN·m）	出渣能力	755（m^3/h）
刀盘转速	0~7.6（r/min）	最大推进油缸行程	1.8（m）

传感器参数共有 199 个，涉及温度、压力、电流、有毒气体监测和掘进控制等，如图 2.1 所示，以监测 TBM 施工过程，从而保证 TBM 施工安全运行。

TBM 施工数据具有较大差异性，如推进速度的最大值可达到 119.06 mm/min，均值为 59.13 mm/min；总推进力的最大值为 19 662.27 kN，均值为 12 588.11 kN。从标准差来看，掘进参数的方差大、离散性大，如刀盘扭矩和总推进力。这意

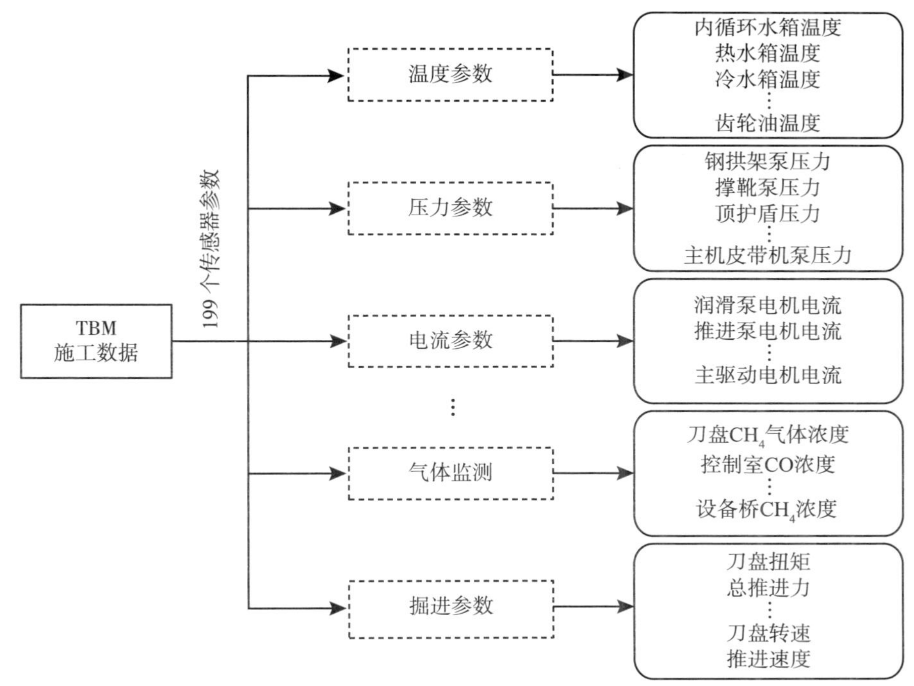

图 2.1 某 TBM 工程 TBM 掘进参数类别

味着不同的地质条件下，掘进参数具有较大差异，这里选择 4 个掘进参数进行数据统计（见表 2.2）。

TBM 施工数据除了具有高方差的特点，还具有时序性特点，如刀盘转速、推进速度、刀盘扭矩和总推进力随时间具有规律性变化。因此，机器学习模型的选择应该充分考虑数据方差大且具有时序性的特点（见图 2.2）。

表 2.2　所选择的 4 个掘进参数的数据统计

	推进速度（mm/min）	刀盘扭矩（kN · m）	总推进力（kN）	刀盘功率（kW）
最大值	119.06	4 222.24	19 662.27	2 761.50
均值	59.13	2 211.99	12 588.11	1 512.93
标准差	18.47	855.68	3 646.98	647.18

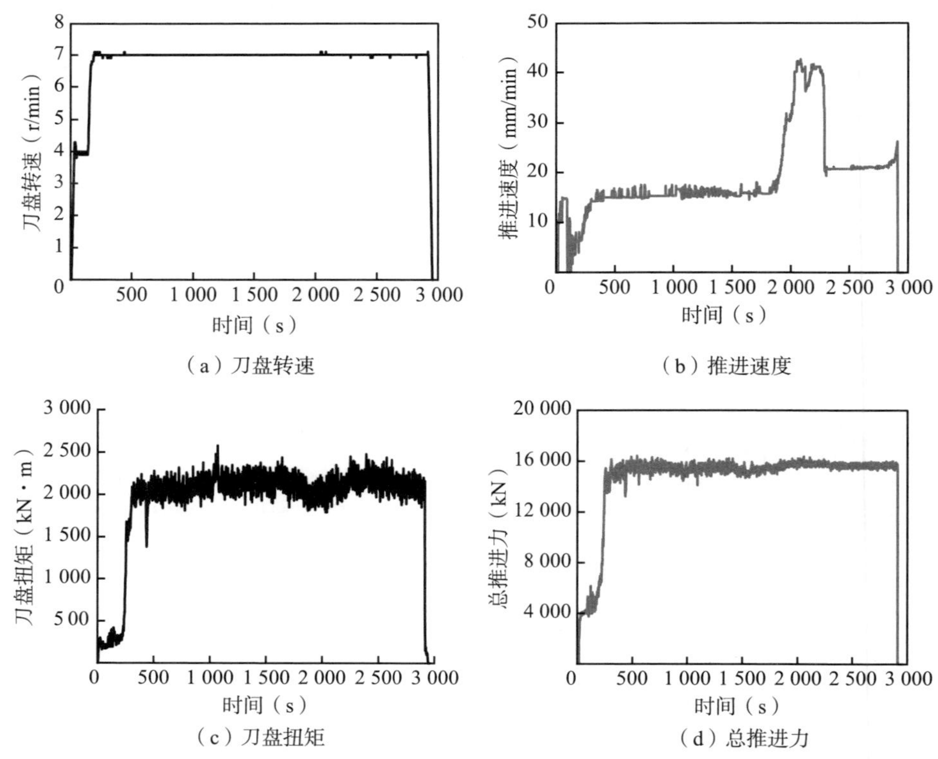

（a）刀盘转速　（b）推进速度
（c）刀盘扭矩　（d）总推进力

图 2.2　掘进参数时序性特点

2.3 掘进循环划分与数据处理

为了获取有效的 TBM 施工数据，需要对 TBM 施工数据进行预处理，以满足机器学习输入要求并降低预测误差。TBM 施工数据预处理方法如图 2.3 所示，包含多源数据融合（依据桩号将地质数据与 TBM 施工数据进行融合）、掘进循环四阶段划分、异常值剔除、缺失值填充等。

随着 TBM 开挖，隧道围岩的岩性、围岩等级和断层等信息被进一步确定。上述信息通常按照桩号范围进行标定。因此，依据桩号可以将 TBM 施工数据与地质信息进行融合。通常，TBM 施工数据存储于 .txt 或 .xlsx 文件中，基于 Python 的 Pandas 库可以有效实现数据的读取与融合；同时，工作人员可在文件中添加断层信息，包含填充物、出露长度和宽度等。

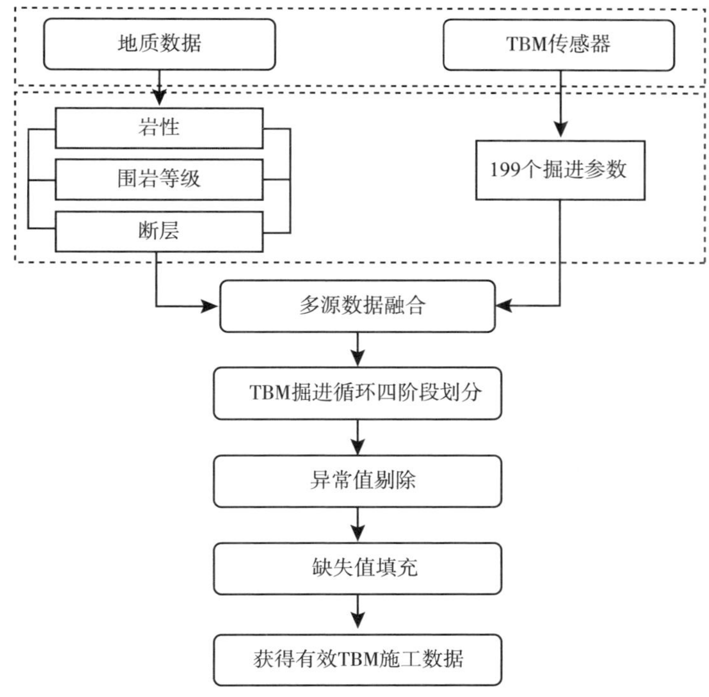

图 2.3 TBM 施工数据预处理方法

2.3.1 TBM 非施工数据过滤

为了剔除 TBM 非工作状态（停机、检修等）数据，本节基于 3 个条件对数据进行过滤。TBM 掘进的时序数据通常以 TBM 机器的开关机为一个周期且以不断循环往复的形式存储。理想状态下，TBM 一个完整循环的进尺为 1.8m，然而实际掘进过程中因不良地质处置等突发情况，每个循环的进尺差异巨大。为避免 TBM 掘进进尺过短造成数据采集不准确，本文 TBM 掘进循环的过滤条件如下：

①刀盘扭矩、刀盘转速、推进速度和总推进力的数值均大于 0；

②单个循环内 TBM 有效推进位移大于 50 mm；

③单个循环中至少 20% 的刀盘扭矩数据值大于 800 kN · m。

如果该数据点同时满足上述 3 个条件，则认为是一个完整的掘进循环，反之则开始记录下一循环数据。这里选取了 5 个循环的前 800s 进行展示，如图 2.4 所示。在 TBM 掘进循环提取时，突发停机、断电、机器故障等容易导致一个不完整的掘进循环被存储，因此这里基于 50 mm 有效推进位移进行初筛，以去除部分不完整的掘进循环数据。从获取的数据来看，TBM 掘进循环数量每天为 10 个左右。通常掘进循环时间长短不一，最长的接近一个多小时，最短为十几分钟。为了分析掘进循环数据的有效占比，本研究分析了三个月数据中所获取的有效循环，平均比为 21%，平均掘进时间为 1 400s。

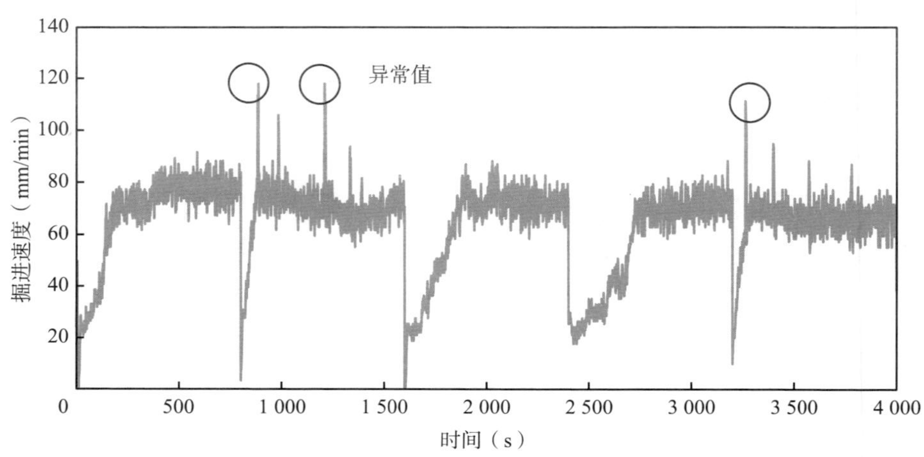

图 2.4　推进速度时间变化曲线

2.3.2　TBM 掘进循环四阶段划分

为了获取 TBM 掘进循环中的有效施工数据，本节提出了掘进循环四阶段划分算法。通过分析掘进参数的时间变化规律发现，TBM 掘进过程由一个个掘进循环组成，每个完整的 TBM 掘进循环依据掘进特点可划分为空推段、上升段、稳定段、停机段。从机器启动到滚刀接触掌子面岩石为空推段，空推段中刀盘启动，刀盘转速可达（3~4 r/min），推进速度明显上升。空推段中推进速度、刀盘扭矩和总推进力等数据波动大，且无明显数据规律。

上升段中，刀盘上的滚刀在总推进力作用下贯入掌子面岩石，在刀尖和刀具侧面形成高应力压碎区和放射性裂纹。滚刀在总推进力和扭矩的作用下连续滚压岩石，直至裂纹扩展到邻近滚刀造成的裂纹，实现岩石的破碎和剥离。此时，贯入度、刀盘扭矩、总推进力等参数逐渐增大。在稳定段中，上述参数存在波动，整体保持平稳直至当前掘进循环结束。掘进参数逐渐降低至零的阶段为停机段。TBM 掘进循环空推段、上升段、稳定段和停机段数据如图 2.5 所示。

TBM 掘进循环数据过滤完成后，进行四阶段划分。对每一个 TBM 掘进循环采用下述算法搜索上升段、停机段、稳定段起点来进行掘进循环的四阶段划

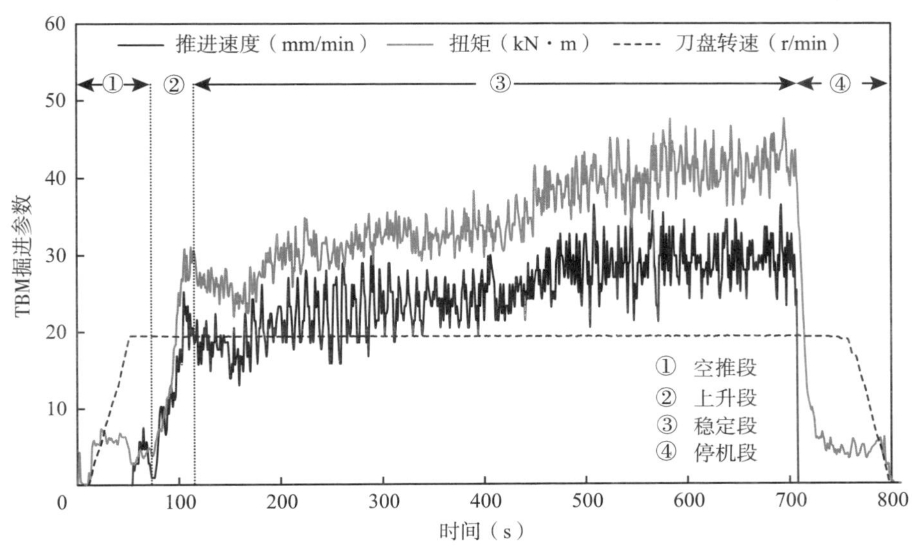

图 2.5　典型的 TBM 掘进循环

分。所设计的掘进循环划分方法用于处理已开挖的 TBM 施工数据。

（1）上升段起点搜索

确定上升段起点以划分空推段与稳定段。首先获取单个掘进循环中刀盘扭矩的最大值和掘进循环中前 1/3 数据的刀盘扭矩最大值。依据经验值判断，若刀盘扭矩最大值的 0.35 倍大于掘进循环中前 1/3 数据的刀盘扭矩最大值，则认为上升段起点位于掘进循环中前 1/3 数据。上升段起点搜索同时考虑了求极小值的策略，即搜索掘进循环中前 1/3 的极小值。当刀盘扭矩最大值的 0.35 倍小于掘进循环中前 1/3 数据的刀盘扭矩最大值时，则搜索整个掘进循环中的极小值。由于 TBM 振动频率大会导致刀盘扭矩数据波动，因此在判断数据是否稳定上升时相对困难，所以需要从原数据中分离出数据趋势，相当于对原数据进行平滑处理。数据平滑处理使用了基于 Python 语言开发的 statsmodels 库[153]。

计算趋势后，刀盘扭矩趋势（ct_trend）的前几个值和后几个值为缺失值，需进行填充。少数掘进循环的空推段中刀盘扭矩数值会很高，甚至是全局最大值，经历骤降后再缓慢爬升至稳定段，如果采用 0 填充，那第一个非 0 点就对应着空推段中非常大的数值，那么这一骤升就会使对应的极小值点被误判为上升段起点。为了解决 0 填充带来的骤升问题，选用 –1 来标记所有的空值（选取 –1 是因为数据都是非负的)，随后用第一个非 –1 点的值填充所有 –1 点的值，这样就解决了空值填充的问题。

上升段起点是基于两个标准进行阶段分割：如果某个点的值大于平滑数据序列中的最大值，且该点之前所有单调递减极值区间的长度都不超过其前一个单调递增极值区间长度的 0.35 倍，则认为该点是空推段与上升段的分界点；若存在某一个极值区间的某个端点值超过该循环最大值的 0.75 倍，且该点之前所有单调递减极值区间的长度都不超过其前一个单调递增极值区间长度的 0.35 倍，则认为该点是空推段与上升段的分界点。如果没能找到上升段起点，则填入经验值，即将循环长度的 1/5 作为上升段起点。

（2）停机段起点搜索

首先使用总推进力从非 0 数值到 0 的突变点作为停机段初始起点。考虑到掘进循环存在多个从非 0 数值到 0 的突变点的情况，定义突变点前 20s 到后 20s 为停机邻域，在该邻域内做出如下两点检验：该邻域内刀盘扭矩数据的极差应大于该掘进循环中刀盘扭矩数据最大值的十分之一；该突变点前 1s 数据值应该大于总推进力数据值的五分之一。如果通过这两项检验则认为该突变点为稳定段与停机段的分界点。

（3）稳定段起点搜索

从数据分析来看，刀盘扭矩不受 TBM 操作员的直接控制，而是随地质条件的变化被动做出反应。因此，稳定段起点也选择刀盘扭矩参数作为参考标准。首先删除刀盘扭矩上升段前 60s 数据及停机段数据，对剩余数据的刀盘扭矩参数值求均值，将第一个达到均值的点定为稳定段的起点。

2.3.3 TBM 施工数据异常值处理

为剔除 TBM 施工数据中的异常值，进而满足数据的完整性，随后进行缺失值填充，本节依据掘进循环上升段与稳定段的数据分布提出不同的缺失值填充方法。

TBM 掘进数据中，推进速度数据中包含大量异常值。异常值是指个别数据点偏离整体数据趋势，出现的原因有人为误操作、遭遇不良地质条件、机器运行异常等。如图 2.6 中（b）（c）所示，推进速度在不同循环的上升段与稳点段中存在部分数据数值达到了 2 500 mm/min，而 TBM 最大允许推进速度为 120 mm/min，这种异常值的存在严重影响了数据分析。

通过分析正常掘进循环中上升段的数据分布发现，推进速度数据存在两个波峰，数据并非严格意义上的正态分布，且上升段蕴含大量的岩 – 机交互信息，如图 2.7（a）所示。而推进速度在稳定段中的数据整体分布较为规整且符合正态分布，如图 2.7（b）所示。因上升段蕴含大量岩 – 机交互信息，且与稳定段不同的数据分布特点，推进速度的上升段与稳定段应采取不同的异常值剔除策略。上升段大部分掘进循环没有异常值，存在异常值的掘进循环，异常值数量通常小于 5。而稳定段异常值数量较多，可多达十几个甚至几十个异常值。异常值的存在会影响数据分析且造成预测误差，须删除异常值并填充数据。

针对推进速度在上升段中的异常值处理，本文采取了将大于 120 mm/min（最大推进速度）的数据点去除，再通过拉格朗日插值[154]的方式填充缺失值。拉格朗日插值在区间［a，b］上等距划分，公式如下：

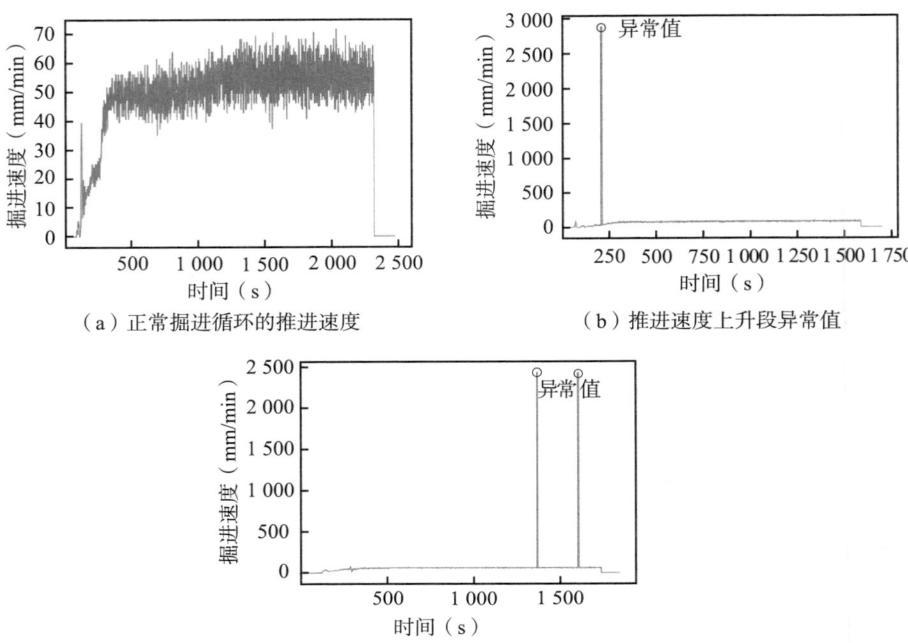

（a）正常掘进循环的推进速度

（b）推进速度上升段异常值

（c）推进速度稳定段异常值

图 2.6　推进速度异常值分析

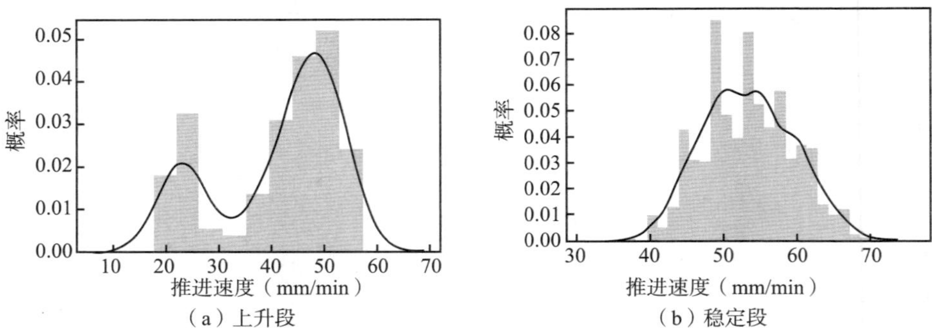

（a）上升段

（b）稳定段

图 2.7　推进速度数据分布

$$x_i = a + \frac{2i}{n}(i = 0,\ 1,\ 2,\ \cdots,\ n) \qquad （式 2.1）$$

拉格朗日多项式表达式为：

$$L_n(x) = \sum_{i=0}^{n} f(x_i)\ l_i(x) \qquad （式 2.2）$$

式中 $f(x)$ 为区间［a，b］上的函数，$l_i(x)$ 为拉格朗日插值基函数，表达式如下：

$$l_i(x)=\prod_{\substack{j=0\\j\neq i}}^{n}\frac{x-x_j}{x_i-x_j} \tag{式 2.3}$$

插值考虑了一次、二次、三次拉格朗日插值多项式拟合，并对拟合结果进行了对比。如图 2.8 所示，推进速度一次插值拟合结果与整体趋势一致，且优于二次、三次插值拟合结果。其中，二次、三次插值拟合结果出现了“龙格现象”（随着拉格朗日插值次数的增加，所插值的推进速度值误差变大），因此选用一次拉格朗日插值多项式拟合。

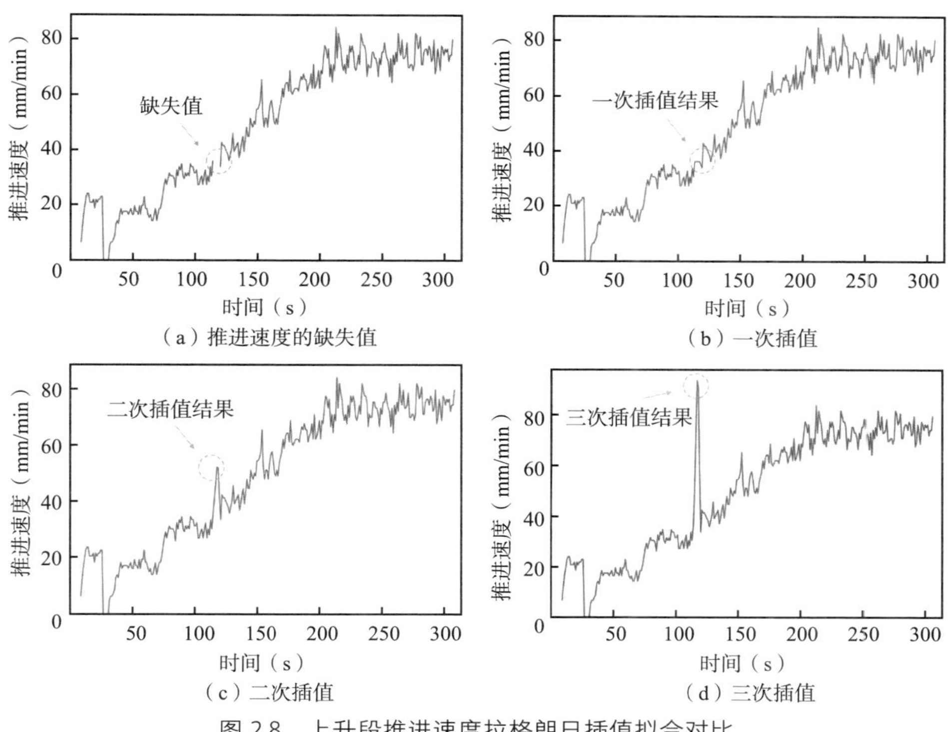

（a）推进速度的缺失值　（b）一次插值

（c）二次插值　（d）三次插值

图 2.8　上升段推进速度拉格朗日插值拟合对比

针对稳定段中推进速度的异常值处理，本文考虑了箱型图法，该法又被称为四分位法。该方法的优点是即使异常值占总数据的 25%，也能很好地表示，且简单方便，易实现。四分位法的实现步骤如下：首先，求得稳定段推进速度数据中的上四分位数（Q3）、下四分位数（Q1）和四分位间距（IQR，Q3–Q1）；其次，在此基础上，求出四分位的下限与上限（异常值），分别为 Q1–1.5IQR，Q3+1.5IQR，其中，1.5 是一个大量数据分析的经验值；最后，将上限与下限的数据进行删除，从而剔除异常值。对于稳定段中剔除异常值后的缺失值，考虑每个循环推进速度均值进行填充。

通过分析 TBM 施工数据发现，推进速度中存在大量异常值。通过分析推进速度在上升段与稳定段的数据分布，发现数据分布存在较大的差异，因此本文采用了不同的异常值剔除策略。异常值剔除后变为缺失值，为了保证数据完整，本文采用不同的方法进行填充。上升段中考虑了拉格朗日插值方法，并建议采用一次拉格朗日插值。

2.4　数据预处理方法验证

本文依据数据特点开发了 TBM 隧道施工大数据预处理方法，为了验证所提出的算法的可行性，这里基于内蒙古和新疆某 TBM 工程数据进行验证，同样依据刀盘转速、推进速度、刀盘扭矩和总推进力进行掘进循环划分，效果如图 2.9（a）和（b）所示。由于 4 个掘进参数的数值差异大，本文对 4 个参数进行了缩放以便能够在同一坐标系下呈现。

如图 2.9（a）和（c）所示，内蒙古某 TBM 工程和吉林某 TBM 工程中，相较于推进速度、刀盘扭矩和总推进力，刀盘转速在上升段之前就达到一个较为稳定的值。不同生产商生产的敞开式 TBM 的掘进循环的动态设定过程存在差异，如新疆某 TBM 工程中，刀盘转速、推进速度、刀盘扭矩和总推进力是在上升段同时过渡到稳定段，达到较为稳定的值。对比刀盘转速、推进速度、刀盘扭矩和总推进力，内蒙古某 TBM 工程中刀盘扭矩的数值范围较小。以获取的刀盘扭矩数据为例，其最大值不超过 1 000 kN・m。而吉林某 TBM 工程与内蒙古和新疆两个工程设定掘进参数的差异性主要体现在掘进循环上升段的刀盘转速。本文所设计的掘进循环划分算法中上升段的划分是基于刀盘扭矩的数值变化，尽管在刀盘转速的控制方式上存在一些差异，但基于刀盘扭矩可以较好地划分出掘进循环的 4 个阶段。从上述工程来看，本文所提出的掘进循环划分算法可以推广到其他 TBM 工程中使用。

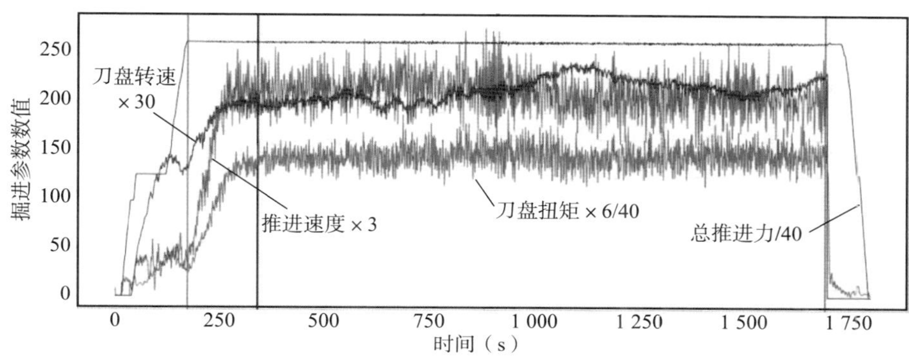

（a）内蒙古某TBM工程某掘进循环划分效果

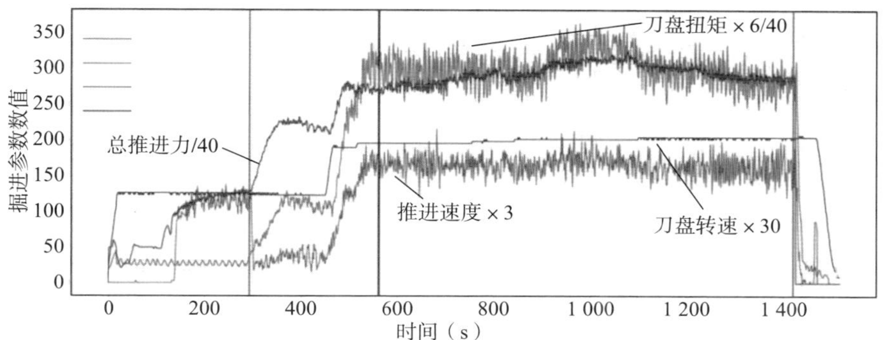

（b）新疆某TBM工程某掘进循环划分效果

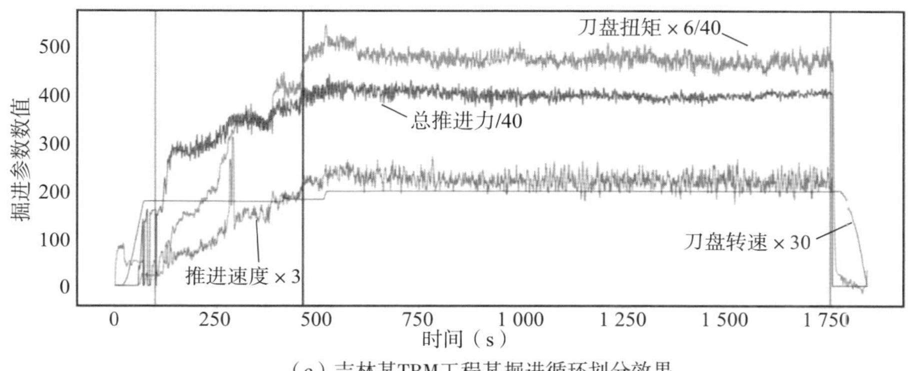

（c）吉林某TBM工程某掘进循环划分效果

图 2.9 掘进循环划分算法验证

TBM 掘进循环中的划分结果评价，目前并没有一个严格的定量标准。学者通常认为空推段与上升段的起点为刀盘扭矩开始出现大幅增长的时间点[19]，而稳定段与停机段则是刀盘转速、推进速度、刀盘扭矩和总推进力等参数急剧下降且降为 0 的点[21]。因此，掘进循环的划分效果评价更多的是定性评价。

本章基于 TBM 施工大数据特点，建立了 TBM 施工大数据预处理方法，主要得到以下结论。

①依据以下 3 个条件提取完整的 TBM 掘进循环：刀盘转速、推进速度、刀盘扭矩和总推进力数据均大于 0；单个掘进循环 TBM 有效推进位移大于 50 mm；单个循环中至少 20% 的刀盘扭矩数据值大于 800 kN · m。

②对刀盘扭矩采取数据平滑和极值搜索得到掘进循环的上升段起点；以总推进力从非 0 数值到 0 的突变点作为停机段初始起点，检验刀盘扭矩数据的极差，同时比较前一秒数值是否大于总推进力数据值的五分之一，得到停机段起点；删除上升段前 60s 和停机段的数据，计算剩余数据的刀盘扭矩均值，确定稳定段起点。

③发现 TBM 掘进循环上升段与稳定段数据分布不同，采用一次拉格朗日插值填充上升段缺失值时其结果优于二次和三次插值。

④基于内蒙古和新疆两个 TBM 工程数据对所建立的 TBM 施工大数据预处理方法进行验证，提出的算法可以有效地划分掘进循环并对数据进行处理。

目前掘进循环划分算法并没有统一的定量标准，地质条件复杂导致 TBM 施工数据变化大，掘进循环的划分需要考虑不同掘进参数的变化特点。值得注意的是，本文并未讨论其他插值方法（如牛顿插值、样条插值等）的适用性。此外，上升段不同位置的异常值剔除后对结果的影响也未深入分析。

3 TBM 隧道地层岩性智能感知模型

3.1 概述

隧道施工前，需在物探、遥感、钻探及原位测试等方法下实现地质勘探，物探法由于其连续性和高效性等常被作为间接方法使用，包含高密度电法、地震反射波法和地震折射波法等[155]。超前地质信息预报是 TBM 高效、安全掘进的重要举措之一。TBM 复杂的电磁环境及狭小的作业空间，导致上述方法存在一定局限性，如部分物探法需要 TBM 停机等[155]。为了能够实时超前感知地质信息，众多学者基于 TBM 施工数据建立智能模型感知岩性和围岩等级。

岩石中的矿物成分和脆性指数等存在差异，易对滚刀产生不同程度的磨损，岩石单轴抗压强度越大，破岩时的阻力也越大。地质判识岩性时，通常依据岩石的条纹、硬度、光泽度、颜色和密度来确定，因此岩性的感知是较为复杂的。以往的研究中，鲜有学者开展 TBM 领域中的岩性感知，而岩性的不确定又给 TBM 施工进度计划和安全性带来了风险[156]。考虑到 TBM 工程中较为完备的地质施工记录信息，本文尝试建立施工数据与地层岩性的对应关系以实现实时感知。基于文献分析，目前尚未了解到关于 TBM 施工领域的岩性感知模型。为了对比不同模型的性能，笔者考虑了油气储藏勘探领域感知岩性的机器学习算法，但目前并不清楚深度学习感知岩性的适用性。本文将建立常规的机器学习模型和深度学习模型，并进行对比。考虑到上升段数据持续增长且时间关联性强的特点，传统方法无法捕捉其时间依赖性，因此，本文考虑了长短期记忆网络（LSTM）模型和全局注意力机制。

TBM 隧道中，国内通常采用中国水利水电工程围岩分级法评估 TBM 隧道围岩等级[157]。中国水利水电工程围岩分级法中要考虑岩石强度、岩体完整性程度、结构面状态等基本因素。对于长大高埋深隧道，人工测定上述参数耗时长，工作强度大。为了降低劳动强度，实现 TBM 隧道围岩等级实时感知，可基于机器学习方法建立 TBM 掘进参数与围岩等级的非线性关系，实现围岩等级感知。大部分学者基于上升段的前 30s 数据感知围岩等级，但感知围岩等级的准确率依然存在局限性，比如在Ⅳ类和Ⅴ类的准确率仅为 66% 和 50%[19]。原因是 TBM 隧道工程围岩等级分布不均，其中Ⅲ类占比超过 50%，仅基于上升段的数据不足以准确感知围岩等级。基于上述考虑，本文将选用 TBM 掘进循环上升段与稳定段的数据感知围岩等级。但上升段与稳定段的掘进时长通常可达 800s 甚至 3 000s，若选用上述每个掘进循环的上升段与稳定段数据，数据量巨大将导致计算机性能无法满足计算要求。

为了最大限度地保留 TBM 施工数据信息，本文选用掘进循环中上升段与稳定段的均值作为输入。因此输入数据之间不存在时序关系，深度学习不适用，即在岩性感知模型中所提出的模型无法感知围岩等级，故选择轻量梯度提升机感知围岩等级。轻量梯度提升机的分类器在训练过程中可以处理类别不平衡的数据，并可使用高效的直方图算法加速训练，使其在处理大规模数据集时比其他梯度提升树算法更快。轻量梯度提升机还支持并行训练，这进一步提高了训练效率，相比传统的机器学习算法和其他梯度提升树算法，轻量梯度提升机在分类任务中通常能够达到更高的准确率[158]。

值得注意的是，由于不同 TBM 工程的地质赋存条件存在差异性，所建立的岩性和围岩等级感知模型在新工程中出现新的岩性及采用不同的围岩等级分级方法时，该模型的适用性存在局限性。

3.2 岩性感知的长短期记忆网络

LSTM 模型具有记忆功能，能够深度提取 TBM 数据的时序性特点。为了进一步提高模型性能，需要考虑不同时刻的权重，这一过程是基于全局注意力机制实现的。基于文献和数据分析等，本文从 199 个掘进参数中选择了 12 个掘进参数作为输入特征。为了能够进一步降低感知岩性的时间成本，通过数据驱动的方式进一步获取有效输入特征，即基于随机森林和递归消除法获取了 9 个有效输入特征。因为考虑了全局注意力机制以对不同时刻分配不同的权重，所以基于模型的训练过程来分析全局注意力机制对 LSTM 感知岩性的影响。

3.2.1　建立岩性感知模型

3.2.1.1　长短期记忆网络

RNN 模型具有记忆功能，网络之间的参数共享，隧道地层岩性数据之间的非线性特征能被高效地学习，当前网络状态可通过隐含层传递到下一时刻的网络状态，当前状态又被上一时刻隐含层中的网络状态所影响，因而在处理序列数据方面有着巨大优势[49]。图 3.1 展示了 RNN 前向传播链式结构。

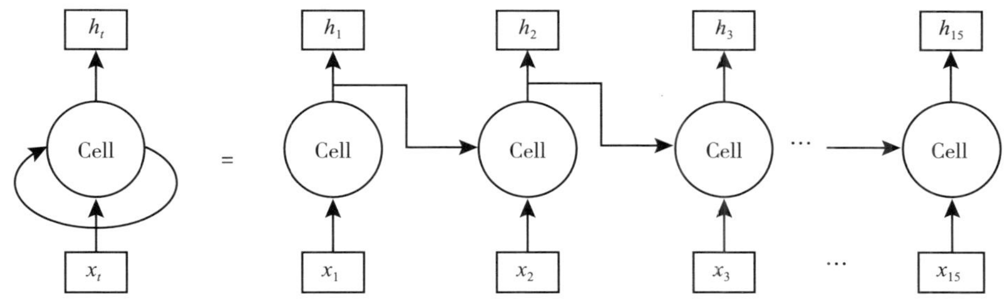

图 3.1　RNN 前向传播链式结构

为解决当输入时序数据长度较大时，RNN 模型存在梯度消失、梯度爆炸等问题，LSTM 模型的内部处理单元引入了 3 种门控，分别为遗忘门、输入门和输出门，内部处理单元由 3 种门控和记忆细胞四部分组成，如图 3.2 所示。图中，x_t、h_t、c_t 分别为当前 t 时刻隐含层节点的输入、输出和中间状态变量，x_{t-1}、h_{t-1}、c_{t-1} 为 t 前一时刻隐含层节点的输入、输出和中间状态变量。其中，遗忘门选择性丢失记忆细胞中的历史数据，输入门决定哪些数据可以传入记忆细胞，记忆细胞存储着留在节点中的历史信息，输出门决定着输出的数据。

假设网络中的遗忘门、输入门、输出门分别用 f、i、o 表示，权重矩阵与偏置分别由 w 和 b 表示，则遗忘门 f 的计算公式为：

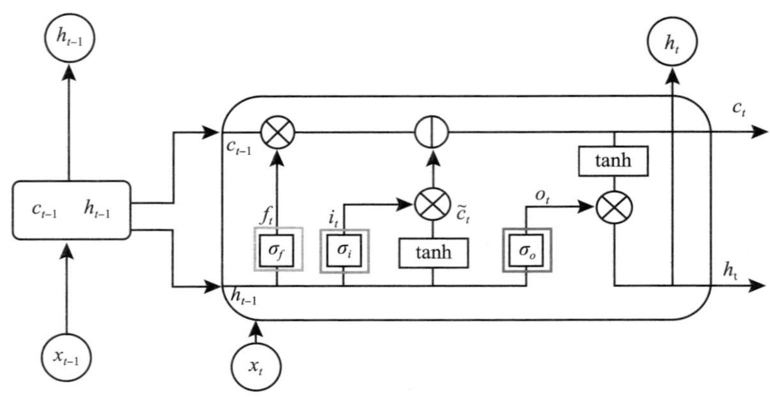

图 3.2　LSTM 记忆单元结构

$$f_t = \sigma(w_f \cdot [h_{t-1}, x_t] + b_f) \tag{式 3.1}$$

式中，f_t 控制数据遗忘，w_f 和 b_f 分别为 t–1 时刻到 t 时刻隐藏层神经元遗忘门 f 的权重和偏置。

输入门 i 的计算公式为：

$$i_t = \sigma(w_i \cdot [h_{t-1}, x_t] + b_i) \tag{式 3.2}$$

式中，i_t 控制着数据流入，w_i 和 b_i 分别为 t–1 时刻到 t 时刻隐含层神经元输入门 i 的权重和偏置。

当前时刻更新的中间状态变量 c_t 为：

$$c_t = f_t \cdot c_{t-1} + i_i \cdot \tilde{c}_t \tag{式 3.3}$$

$$\tilde{c}_t = \tanh(w_c \cdot [h_{t-1}, x_t] + b_c) \tag{式 3.4}$$

式中，$\tilde{c}_t$ 为 t 时刻神经元的过程输入，w_c 和 b_c 分别为 t–1 时刻到 t 时刻隐含层神经元所对应输入数据的权重和偏置。

输出门 o 可表示为：

$$o_t = \sigma(w_o \cdot [h_{t-1}, x_t] + b_o) \tag{式 3.5}$$

则当前神经元的输出为：

$$h_t = o_t \cdot \tanh(c_t) \tag{式 3.6}$$

式中，输出门 o_t 通过 c_t 记忆单元决定着当前输出值 h_t 的大小，w_o 和 b_o 对应着 t–1 时刻到 t 时刻隐含层神经元输出门 f 的权重和偏置。此外，$\sigma(x)$ 代表 Sigmoid 激活函数，$\sigma(x)=1/(1+\mathrm{e}^{-x})$，$\tanh(x)$ 代表 tanh 激活函数，$\tanh(x)=(\mathrm{e}^{x}-\mathrm{e}^{-x})/(\mathrm{e}^{x}+\mathrm{e}^{-x})$。

由以上特点可知，LSTM 模型可有效处理时间连续且时序前后高度相关的数据，而 TBM 掘进破岩过程中，当前时刻的掘进参数紧密依赖于前述信息的反馈，这种高度关联反馈关系为根据当前掘进数据建立 LSTM 模型，超前判识掌子面掘进前方岩性奠定了基础。然而，LSTM 模型在面对长时间序列作为输入时，在参数训练阶段会对 TBM 施工数据不同时刻的隐藏层状态赋予相同的权重，在捕获时间序列的长期依赖性问题上还存在局限性。为了解决这个问题，本文引入全局注意力机制，对 TBM 施工数据不同时刻的隐藏层状态给予不同程度的关注（权重）。

3.2.1.2 全局注意力机制

为了提升 LSTM 感知岩性的性能，本文考虑通过全局注意力机制对 LSTM 网络不同时刻进行加权。注意力机制最早由 Bahdanau D 等提出[159, 160]，在自然语言处理领域及其他领域的大量实践中，注意力机制得到了广泛应用，并被证实在时序数据处理上有着良好的效果。本文参考由 Luong[159] 等提出的一种全局注意力机制，首先将数据经过上级层处理后的所有隐藏状态 $\bar{d}_s$ 作为输入（在本研究中输入是一个时间步长为 15s 的数据）。然后获取上下文向量 l_t，并用它捕获相关输入，以帮助模型感知当前的目标岩性，其模型如图 3.3 所示。

图中，a_t 为全局校准权重，最后一个时刻的隐藏状态（第 15 个时刻的隐藏状态）被选取作为当前目标隐藏状态 d_t。

通过将当前目标隐藏状态 d_t 与每个源隐藏状态 d_s 进行比较，得到一个可变长度的校准向量 a_t，其长度与时间步长相同：

$$a_t(s)=\frac{\exp(score(d_t,\bar{d}_s))}{\sum_{s'=1}^{s}\exp(score(d_t,d_{s'}))} \qquad \text{（式 3.7）}$$

上述式中的 *score* 函数为打分函数，公式如下：

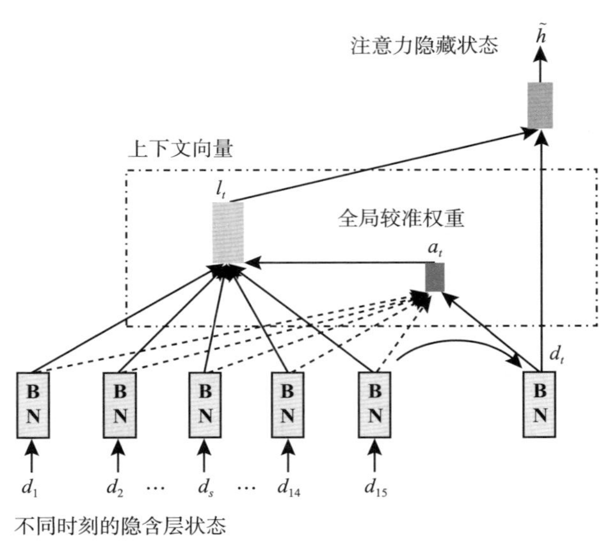

图 3.3 全局注意力机制模型

$$score(d_t,\bar{d}_s)=d_t^{\mathrm{T}}W_a\bar{d}_s \tag{式 3.8}$$

式中，W_a 为可更新的权重矩阵。

随后，通过加权平均的方式得到 l_t：

$$l_t=\sum_{s'}^{s}a_t(s')d_{s'} \tag{式 3.9}$$

最后，使用一个串联层（concatenation layer）来组合 l_t 和 d_t 的信息以产生注意力隐藏状态 $\tilde{h}$：

$$\tilde{h}=\tanh(W_c[l_t;d_t]) \tag{式 3.10}$$

式中，W_c 为可更新的权重矩阵。

3.2.1.3 全局注意力机制长短期记忆岩性感知模型的建立

由上述原理可知，全局注意力机制的主要思想是考虑所有隐藏层状态，通过对最后一个时刻的隐藏层状态与其他时刻隐藏层状态的对比（因为在这之前的上级层中使用了 LSTM，所以最后一个时刻的隐藏层状态包含了在它之前的时刻的信息，故最后一个时刻的隐藏层状态能够作为打分的目标状态），得到与各时刻隐藏状态相对应的权重矩阵。对目标更有效的时刻的隐藏状态将会被赋予更大的权重，从而使掘进数据与岩性关联更为紧密，强化了重要时刻（针对感知岩性）的信息，使模型能够得到更好的结果，有利于提升模型的感知性能。常规 LSTM 模型和全局注意力机制 LSTM 模型，如图 3.4 所示。

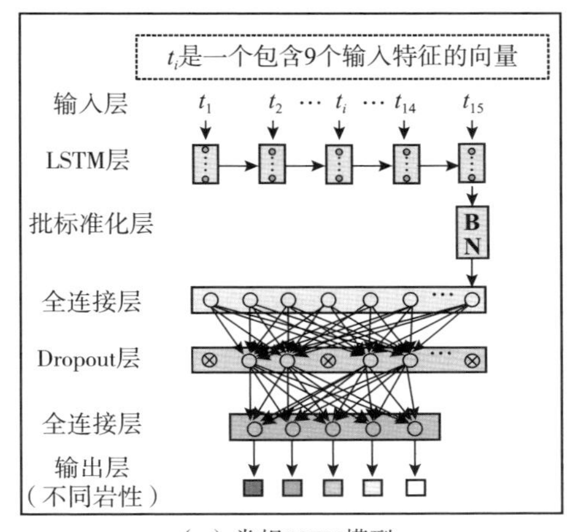

（a）常规LSTM模型　　（b）全局注意力机制LSTM模型

图 3.4　基于 LSTM 的岩性感知模型

3.2.1.4　随机森林与交叉验证

随机森林是套袋集成算法中最具代表性的一个算法，其具有特征重要性评估及良好的健壮性，被广泛应用于分类问题[161]。随机森林以决策树为基分类器，通过随机重抽样方法从训练数据集中抽取数据组成新的训练集，并利用随机特征选取的方法来构建多个决策树，这部分数据约占整个训练数据的 2/3，剩余的 1/3 数据被称为袋外数据。袋外数据被用来估计每一棵决策树的误差，从而获得所有决策树的平均估计误差[162]。最终分类问题的目标输出由构建的所有单个决策树投票决定。

k 折交叉验证有助于机器学习模型实现最小偏差，并且避免模型陷入局部最优[163，164]。*k* 折交叉验证将 TBM 施工数据训练集划分为 *k* 个子集，其中 *k*–1 个子集用于训练模型，剩余 1 个子集用来验证模型性能。因此每个子集都有机会训练并测试模型感知岩性的性能[91]。10 折交叉验证如图 3.5 所示。

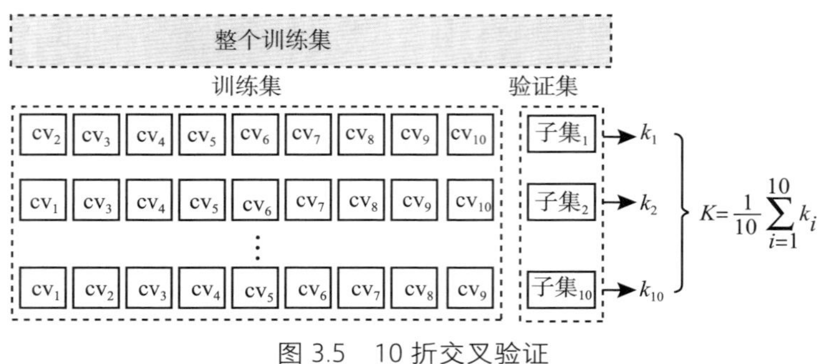

图 3.5　10 折交叉验证

3.2.2　岩性感知模型特征选择与模型训练

3.2.2.1　岩性感知的特征选择

为了验证感知岩性的可行性，首先以吉林某 TBM 工程为例，分析不同岩性的物理力学参数，相关的物理力学参数由吉林省水利水电勘测设计研究院提供。吉林某 TBM 隧道穿越了多种岩性，本文根据不同桩号范围对应的岩性列举了部分物理力学参数，如表 3.1 所示。从表中可以看出，不同岩性下岩体物理力学性质存在较大差异。TBM 施工如同一个掘进试验，因此在不同岩性下掘进参数会受到影响，这为基于 TBM 掘进参数感知岩性提供了可能。一个掘进循环（或掘进进尺）最长距离为 1.8m，通常一个掘进循环内的岩性为单一岩性。采集岩体的物理力学参数成本高、时间长，因此很难在一个掘进循环内获取到完整的物理力学参数，通常是一段距离范围内，因此无法将物理力学参数作为输入，本文也未探究哪些物理力学参数会影响 TBM 掘进。接下来，本

表 3.1　主要岩体物理及力学性质指标

岩性	密度		抗压强度		软化系数	抗拉强度	弹性模量	泊松比	变形模量
	干	饱和	干	饱和					
	g/cm^3	g/cm^3	MPa	MPa		MPa	10^4MPa		10^4MP
花岗岩	2.66	2.68	142.8	90.0	0.63	6.0	2.9	0.22	2.0
凝灰质砂岩	2.60	2.62	96.8	60.0	0.62	2.5	2.0	0.30	1.0
闪长岩	2.70	2.72	120.5	100.0	0.83	5.0	5.0	0.24	3.5
灰岩	2.70	2.71	106.6	80.0	0.75	3.0	4.5	0.23	3.0

文将基于文献调研和分析确定感知岩性的掘进参数，并将其作为输入特征。

准确掌握 TBM 掘进过程中反映岩性的关键岩体交互性能参数是实现岩性判识的核心。因此，需要仔细分析 TBM 施工数据，以找出相关特征来感知岩性。

通过分析数据可以发现：齿轮密封外密封压力和齿轮密封内密封压力反映了不同岩性下 TBM 本身润滑油路各控制阀、流量计的指示情况；撑靴泵压力、右撑靴滚动角和左撑靴滚动角反映了不同岩性下实现 TBM 推进的反作用力状态[165]；转渣皮带机转速和主机皮带机转速可反映不同岩性下 TBM 的出渣情况；顶护盾压力可感知不同围岩收敛对护盾外表面造成的接触压力[166]；前盾俯仰角可反馈不同岩性下 TBM 掘进过程中的实时姿态[167]；总推进力可感知围岩的强度[168]，并提供 TBM 掘进所需的总推进力；刀盘转速和贯入度可反映 TBM 破岩的效率[169]。

因此，这里选取齿轮密封外密封压力、齿轮密封内密封压力、撑靴泵压力、右撑靴滚动角、左撑靴滚动角、主机皮带机转速、转渣皮带机转速、顶护盾压力、前盾俯仰角、总推进力、刀盘转速及贯入度 12 个关键掘进参数用于感知岩性。由于没有相关文献基于掘进参数感知岩性，因此本节的特征选择基于自身的经验方法。图 3.6 选择了 4 个掘进参数为例，可以看出其在不同岩性下数据分布具有差异性，这也为岩性感知提供了数据基础。

表 3.2 对 12 个关键掘进参数进行了统计分析，可以看出，不同输入特征之间存在明显差异性，可用来感知岩性。此外，图 3.7 以 4 个掘进参数为例，分析了不同掘进参数的数据分布。

据研究表明，输入特征之间的相关性越大，两个特征的线性关系越强，这容易导致感知岩性的机器学习模型产生过拟合的问题（在训练集中感知岩性的结果好，在测试集中感知岩性的结果差）。因此，在建立岩性感知模型前，本文对 12 个输入特征进行了皮尔逊相关性分析，以便分析数据之间的相关性（见式 3.11）。如图 3.8 所示，12 个输入特征之间的相关性绝对值低于 0.6，可满足机器学习感知岩性的输入要求。

$$\rho_{x,z}=\frac{\mathrm{cov}(x,z)}{\sigma_x\sigma_z} \qquad \text{（式 3.11）}$$

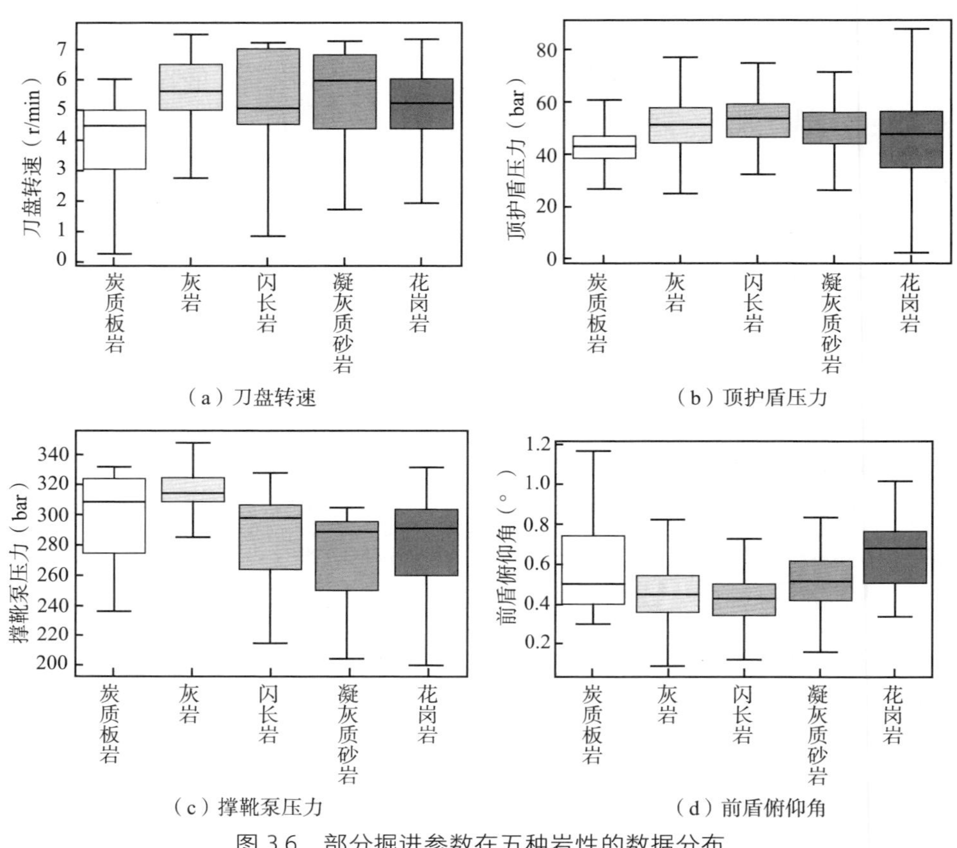

（a）刀盘转速 （b）顶护盾压力

（c）撑靴泵压力 （d）前盾俯仰角

图 3.6 部分掘进参数在五种岩性的数据分布

式中 $\rho_{x,z}$ 为某掘进参数 x 和某掘进参数 z 的皮尔逊相关系数，cov（x，z）为参数 x 和参数 z 的协方差，σ_x 为参数 x 的标准差，σ_z 为参数 z 的标准差。

考虑到所选感知岩性的输入特征之间的冗余性，本文继续采用 5 倍交叉验证法和随机森林 – 递归特征消除法（RF–RFE）进一步选择上述特征。在 5 倍交叉验证法中，一个训练集被分为 5 个子集，4 个子集用于训练，1 个子集用于验证模型的性能。每个子集都被用于验证一次，然后对结果进行平均，得到一个准确率的估计值。TBM 施工原始数据被随机分为训练集（80%）和测试集（20%），然后使用随机森林 – 递归特征消除法进行特征优化。

随机森林 – 递归特征消除法选择过程使用决策树作为弱分类器，并使用随机再抽样技术和随机拆分建立多个决策树岩性感知模型。随机森林 – 递归

表 3.2 岩性变化相关的 12 个关键掘进参数的统计描述

输入特征	平均值	标准差	最小值	最大值
齿轮密封外密封压力（bar）（A_1）	0.01	0.01	0.00	0.17
齿轮密封内密封压力（bar）（A_2）	−104.89	306.25	−999.00	1.05
撑靴泵压力（bar）（A_3）	297.03	25.99	199.93	352.14
右撑靴滚动角（°）（A_4）	1.08	1.03	−5.00	4.51
左撑靴滚动角（°）（A_5）	−0.63	1.03	−4.40	3.60
主机皮带机转速（m/s）（A_6）	2.78	0.64	0.69	3.35
转渣皮带机转速（m/s）（A_7）	2.75	0.03	2.09	4.01
顶护盾压力（bar）（A_8）	47.75	14.17	0.00	102.82
前盾俯仰角（°）（A_9）	0.55	0.18	−0.12	1.17
总推进力（kN）（A_{10}）	6 196.73	1 876.14	1.14	18 214.64
刀盘转速（r/min）（A_{11}）	5.38	1.22	0.02	7.55
贯入度（mm/r）（A_{12}）	3.97	3.35	0.15	15.80

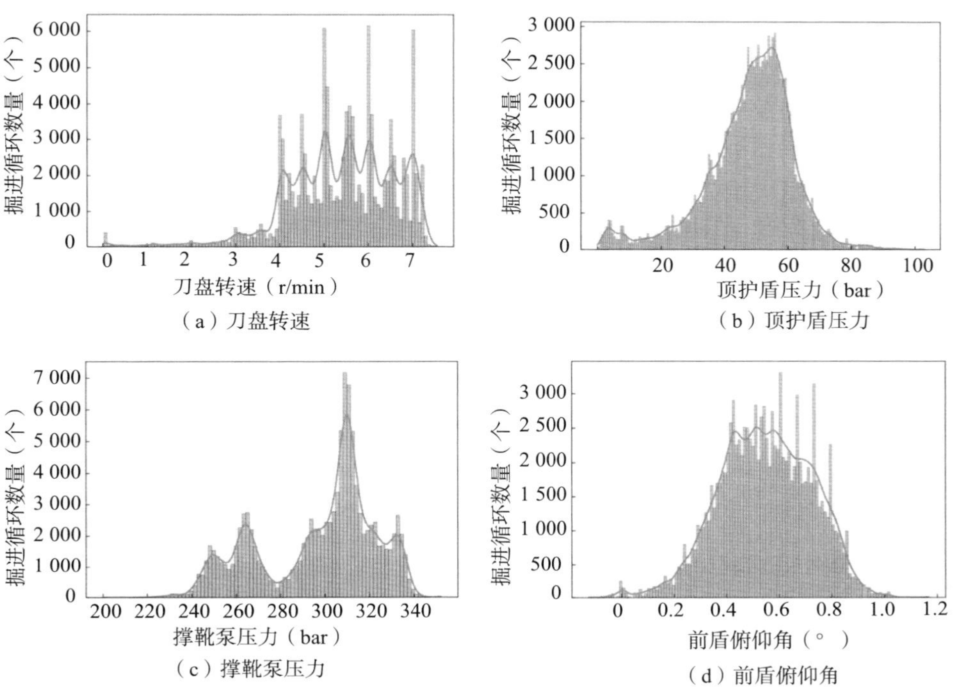

图 3.7 部分掘进参数数据分布

	A_1	A_2	A_3	A_4	A_5	A_6	A_7	A_8	A_9	A_{10}	A_{11}	A_{12}
A_1	1	−0.27	0.42	0.17	0.25	0.6	0.026	0.17	−0.45	0.049	0.18	−0.044
A_2	−0.27	1	−0.088	−0.021	−0.26	−0.29	0.046	−0.16	0.18	−0.042	−0.14	0.005 3
A_3	0.42	−0.088	1	0.088	0.2	0.45	0.053	0.14	−0.44	0.14	0.26	−0.091
A_4	0.17	−0.021	0.088	1	−0.061	0.36	0.025	0.069	−0.073	−0.13	−0.12	0.073
A_5	0.25	−0.26	0.2	−0.061	1	0.34	0.04	0.098	−0.45	−0.051	0.047	−0.017
A_6	0.6	−0.29	0.45	0.36	0.34	1	0.016	0.25	−0.6	−0.072	0.091	−0.008 4
A_7	0.026	0.046	0.053	0.025	0.04	0.016	1	0.008 2	−0.027	−0.004	0.021	−0.027
A_8	0.17	−0.16	0.14	0.069	0.098	0.25	0.008 2	1	−0.1	0.041	0.009 4	−0.037
A_9	−0.45	0.18	−0.44	−0.073	−0.45	−0.6	−0.027	−0.1	1	0.025	−0.1	0.024
A_{10}	0.049	−0.042	0.14	−0.13	−0.051	−0.072	−0.004	0.041	0.025	1	0.25	0.11
A_{11}	0.18	−0.14	0.26	−0.12	0.047	0.091	0.021	0.009 4	−0.1	0.25	1	−0.22
A_{12}	−0.044	0.005 3	−0.091	0.073	−0.017	−0.008 4	−0.027	−0.037	0.024	0.11	−0.22	1

0.9
0.6
0.3
0.0
−0.3

图 3.8　掘进参数相关性分析

特征消除法特征选择流程如下[170]：第一步，首先使用一个随机森林模型对所有特征进行训练，并计算每个特征的重要性得分（计算所选择的 12 个特征的贡献度）；第二步，选择得分最低的特征，并将其从数据集中删除（如 12 个特征中，贯入度贡献度最低，将其删除，剩 11 个特征）；第三步，使用相同的方法训练新模型，继续计算特征的重要性得分（对 11 个特征重新训练学习，并再次去除特征贡献度最小的特征）。一直重复该过程，直至将特征数量最少且准确率最高的特征集输出。

递归特征消除法可以在不影响模型准确性的情况下缩小特征空间，提高机器学习算法的性能，同时降低了训练成本。本研究中采用的递归特征消除法，使用了 Scikit-learn[171] 库中的“RFECV”函数。递归消除法在每一步计算中会剔除一个特征，并计算预测准确率，共计算了 12 次。通过分析发现，特征数量为 9 时，特征数量最少且准确率最高（见图 3.9）。尽管特征数量在 5~12 时，预测岩性的准确率相差不大，但从数据驱动角度来看，这依然是精度最高的特征组合。岩性预测的流程如图 3.10 所示。

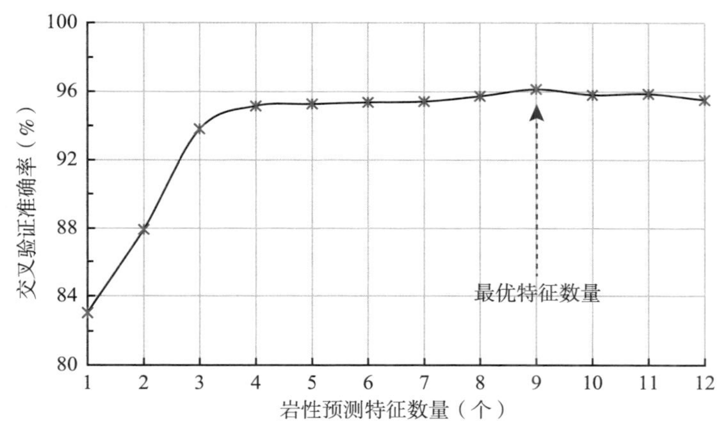

图 3.9 由随机森林 - 递归特征消除法选择的最佳特征数量

3.2.2.2 模型训练

为了进一步提升 LSTM 模型感知岩性的性能，对 LSTM 模型的超参数进行优化。搭建的感知岩性的 LSTM 模型，需要通过训练集进行训练以确定其权重、偏置矩阵及模型结构，借助验证集来优化学习率和神经元组合等超参数，最后通过测试集来测试岩性感知模型的分类性能。根据惯例，本文将 TBM 施工数据随机划分为训练集、验证集、测试集，划分比例设为 6∶2∶2。

合理的模型设计是提升模型感知岩性性能的关键。考虑到输入数据在神经网络前向传播过程中分布会发生变化，所以本文在 LSTM 层后加入了批标准化层，以提高模型性能。同时，为了提高 LSTM 提取特征的深度，本文引入了全局注意力机制，进一步提高模型感知岩性的性能。为防止感知岩性的模型出现过拟合问题，本文引入了 Dropout 层[172]。Dropout 层在训练中可随机丢弃一些神经元，以避免模型过度拟合，但在测试阶段时会采用全部神经元。然后，通过 LSTM 网络从 TBM 时序数据中提取特征，在网络的最后一层实现岩

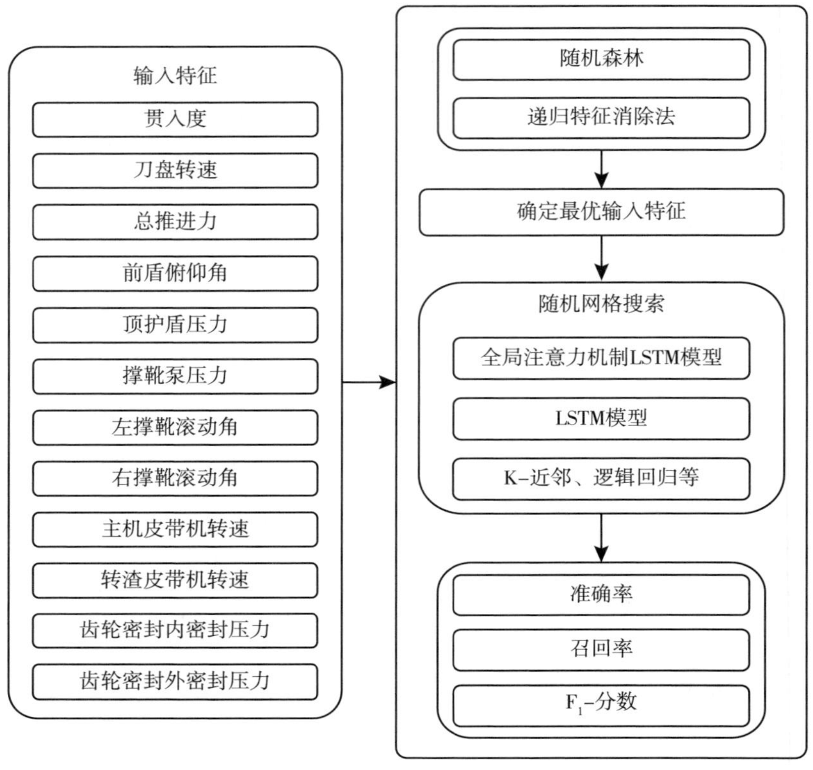

图 3.10 岩性预测流程

性的自动识别。因此，模型选取了有 LSTM 层、批标准化层、全局注意力机制层和 Dropout 层的多层网络结构如图 3.4（a）所示。为对所提出的分类系统进行全面的评价，本文还设计了另外一种网络结构，即常规 LSTM 模型，如图 3.4（b）所示。两个分类网络的本质差别是图 3.4（a）仅输出网络最后一个时刻（第 15s）的隐藏层状态（最后一个时刻的隐藏层状态包含了在它之前时刻的信息），图 3.4（b）输出的是 LSTM 所有单元（1~15s）的隐藏层状态，并加权输出。

损失函数被用来衡量模型输出值与真实值之间的差异。岩性分类问题中常选用交叉熵损失函数。

$$J = -\sum_{i=1}^{K} y_i \log(p_i) \quad （式 3.12）$$

式中，K 为岩性种类数量，y 为对应岩性的种类，p 为神经网络输出，即某一岩性的感知概率。

该损失函数可评估当前训练得到的概率分布与真实分布的差异，其中交叉熵值波动程度越小，两个概率分布越接近，模型性能越好。为此，本文采用交叉熵损失函数训练 LSTM 网络。

为充分发挥批标准化层的作用，在模型训练的最初阶段，预先将批处理尺寸设定为 64，网络结构中的权重等参数则通过使用高效、内存占用率较小的自适应矩估计（Adam）优化器来训练实现。接下来，本文将具体介绍其他超参数优化的详细过程。

为评估不同模型感知岩性的性能，本文引入了 F_1- 分数（F_1-Score）和准确率（Accuracy）2 个评价指标。F_1- 分数由精确率（Precision）和召回率（Recall）加权平均获得[173]，评价指标的计算如下：

$$\text{Precision}=\frac{TP}{TP+FP} \tag{式 3.13}$$

$$\text{Recall}=\frac{TP}{TP+FN} \tag{式 3.14}$$

$$F_1-\text{Score}=\frac{2\times\text{Precision}\times\text{Recall}}{\text{Precision}\times\text{Recall}} \tag{式 3.15}$$

$$\text{Accuracy}=\frac{TP+TN}{TP+FN+FP+TN} \tag{式 3.16}$$

式中，以花岗岩为例，TP：真实值为花岗岩且感知值为花岗岩，TN：真实值为其他岩性且感知值为其他岩性，FP：真实值为其他岩性且感知值为花岗岩，FN：真实值为花岗岩感知为其他岩性。

深度学习模型中的超参数调整是模型训练的关键步骤之一。全局注意力机制 LSTM 模型包含多个超参数，如 LSTM 隐藏层神经元、学习率等，但模型的最优性能取决于超参数的最佳组合，因此，寻找合适的超参数优化算法替代手工搜索是极其必要的。除手工搜索外，网格搜索算法也可对 LSTM 模型进行超参数优选，但手工搜索和网格搜索算法在训练参数较多时，时间成本较高。

Bergstra 等[174]研究表明，随机搜索算法通过有效搜索一个更大的、前景更小的配置空间来找到更好的模型。总的来说，随机搜索算法可以选择相对较少的参数组合数量，降低了优化超参数的时间成本[175]。因此，本文用随机搜索算法优化模型的超参数。

本文优化全局注意力机制 LSTM 岩性感知模型超参数的过程如下：①估算每个超参数的范围，并依据该范围分配相应的值；②将随机搜索的最大迭代次数设置为 50，选择各超参数的可能值的最优组合；③预设模型最大训练周期为 500，结合提前终止策略，当模型在验证集上的准确率迭代 30 个周期仍没有上升时停止训练[174]；④选取验证集在模型训练过程中准确率最大的超参数组合为最优超参数。超参数搜索区间及间距如表 3.3 所示。优化后的全局注意力机制 LSTM 模型和常规 LSTM 模型各层的参数如表 3.4 所示。

表 3.3　深度学习模型超参数选择范围

超参数	优化范围
LSTM 层神经元	[100，150，200，250，300]
Dropout 层	[0.05，0.1，0.15，0.2，0.25，0.3]
全局注意力层 / 全连接层神经元	[64，128，256]
学习率	[0.009，0.006，0.003，0.001，0.000 9，0.000 6，0.000 3，0.000 1]

表 3.4　基于 LSTM 模型所使用的层细节和参数

模型	全局注意力机制 LSTM 模型	最优值	常规 LSTM 模型	最优值
编号	网络层		网络层	
1	LSTM 层	250	LSTM 层	100
2	全局注意力机制层	128	全连接层	128
3	Dropout 层	0.15	Dropout 层	0.25
4	学习率	0.001	学习率	0.003

为了探究所提出的岩性感知模型是否存在过拟合问题，本文对模型优化过程中的训练集和验证集的损失函数进行了分析。图 3.11 和图 3.12 展示了两个岩性感知模型在最优超参数下的训练过程。从图中不难看出，所提出的两种

岩性感知模型并没有产生过拟合的问题，这得益于批标准化层、Dropout 层和早停法的运用。另外，训练过程中损失函数曲线和模型感知岩性的准确率曲线存在一些波动，这些波动可能是 TBM 施工数据中的噪声引起的，因为 TBM 施工过程中掌子面岩体的不均匀会造成机体的振动等进而导致数据存在波动。但两个岩性感知模型在多次迭代后，损失函数曲线和感知岩性的准确率曲线趋于稳定，这证明了模型的可靠性。后文中笔者将介绍模型感知岩性在测试集上的结果。

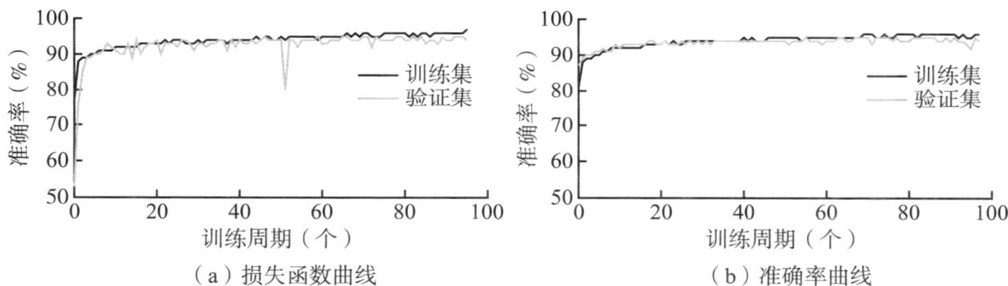

图 3.11　全局注意力机制 LSTM 模型在训练集和验证集上的损失函数和准确率曲线

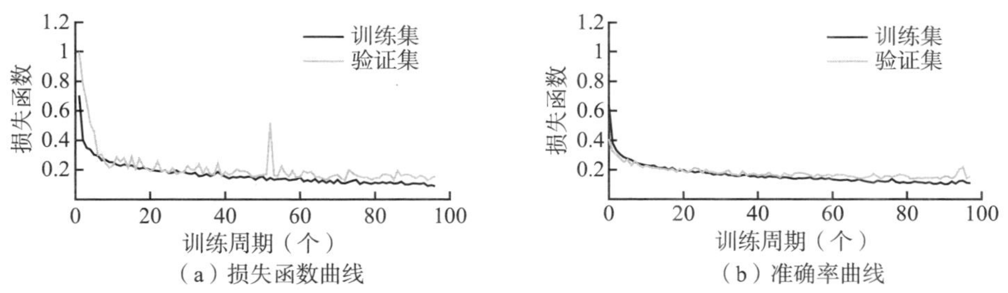

图 3.12　常规 LSTM 模型的训练集和验证集上的损失函数和准确性曲线

3.2.3　岩性感知结果分析与讨论

本节通过建立的深度学习模型和常用的机器学习模型来对比模型分类五种岩性的性能，发掘可使用的岩性分类模型。岩性分类结果分析基于准确率、精确率、召回率和 F_1- 分数。此外，本节还探究了优选后的输入特征在感知岩性中的贡献度。本文提出了基于全局注意力机制的 LSTM 模型，全局注意力机制对于 LSTM 模型的影响也将被进一步分析。

3.2.3.1 全局注意力机制 LSTM 模型感知岩性的结果

笔者使用训练集和测试集对训练后的模型进行了评估，以验证 LSTM 岩性感知模型的泛化能力。训练集包括 6 111 个 TBM 掘进循环，其中炭质板岩 128 个，灰岩 2 959 个，闪长岩 238 个，凝灰质砂岩 279 个，花岗岩 2 507 个。测试集包括 1 528 个 TBM 掘进循环，其中炭质板岩 49 个，灰岩 710 个，闪长岩 61 个，凝灰质砂岩 76 个，花岗岩 632 个。

为了展示不同模型感知岩性的结果，这里用混淆矩阵进行分析。混淆矩阵是一个显示感知岩性结果的表格，表中的对角线元素表示模型正确感知的岩性的数量。如图 3.13（a）和图 3.14（a）所示，基于全局注意力机制的 LSTM 模型在训练集中感知岩性的准确率高于传统 LSTM 模型。同样，如图 3.13（b）和图 3.14（b）所示，基于全局注意力机制的 LSTM 模型在测试集中的准确率也高于传统 LSTM 模型。值得注意的是，从召回率的角度来看，传统 LSTM 模型在灰岩中的感知结果略好于基于全局注意力机制的 LSTM 模型，但基于全局注意机制的 LSTM 模型对其他 4 种岩性的感知结果更好。

综上所述，LSTM 模型有效地学习和处理了 TBM 施工时序数据，使其适用于岩性感知。结合全局关注机制，LSTM 模型在重要时刻为隐藏状态分配了更大的权重，从而在 TBM 施工数据和隧道岩性之间建立了更紧密的联系，提升了 LSTM 模型的感知性能。

3.2.3.2 对比不同模型感知岩性的结果

为了对比深度学习与其他经典机器学习模型感知岩性的性能，在这一部分，笔者将已建立的全局注意力机制 LSTM 模型与其他一些典型的机器学习模型进行比较。这里选择了基于 L_2 正则化的逻辑回归[176]、基于欧式距离度量的 K- 近邻[177]和基于基尼系数的决策树[178]进行对比。

超参数的选择对上述模型也至关重要，这里采用了随机搜索算法和 5 倍交叉验证对超参数进行优化，尽可能防止模型陷入局部最优的困局。根据前人的研究成果，表 3.5 列出了每个模型的超参数的优化范围，其他超参数为默认值。最后，通过 5 倍交叉验证，以准确率为优化目标，得到了 3 个模型的最优超参数。

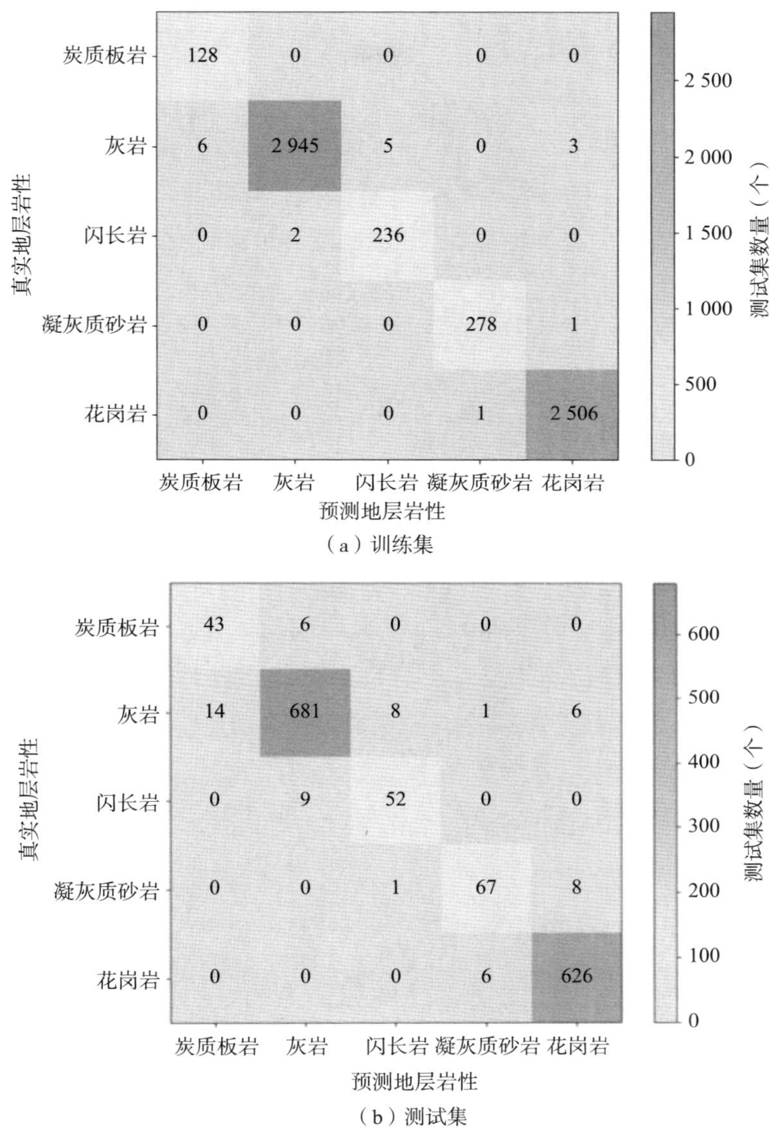

图 3.13　基于全局注意力机制 LSTM 模型岩性感知的混淆矩阵

为比较不同模型感知岩性的性能，我们通过准确率来评估 5 个模型在测试集中的性能。如图 3.15 所示，本文提出的全局注意力机制 LSTM 模型在训练集和测试集中的性能最优，准确率分别达到了 100% 和 96%。另外，常规 LSTM 模型在训练集和测试集中的准确率分别为 99% 和 95%。就准确率而言，

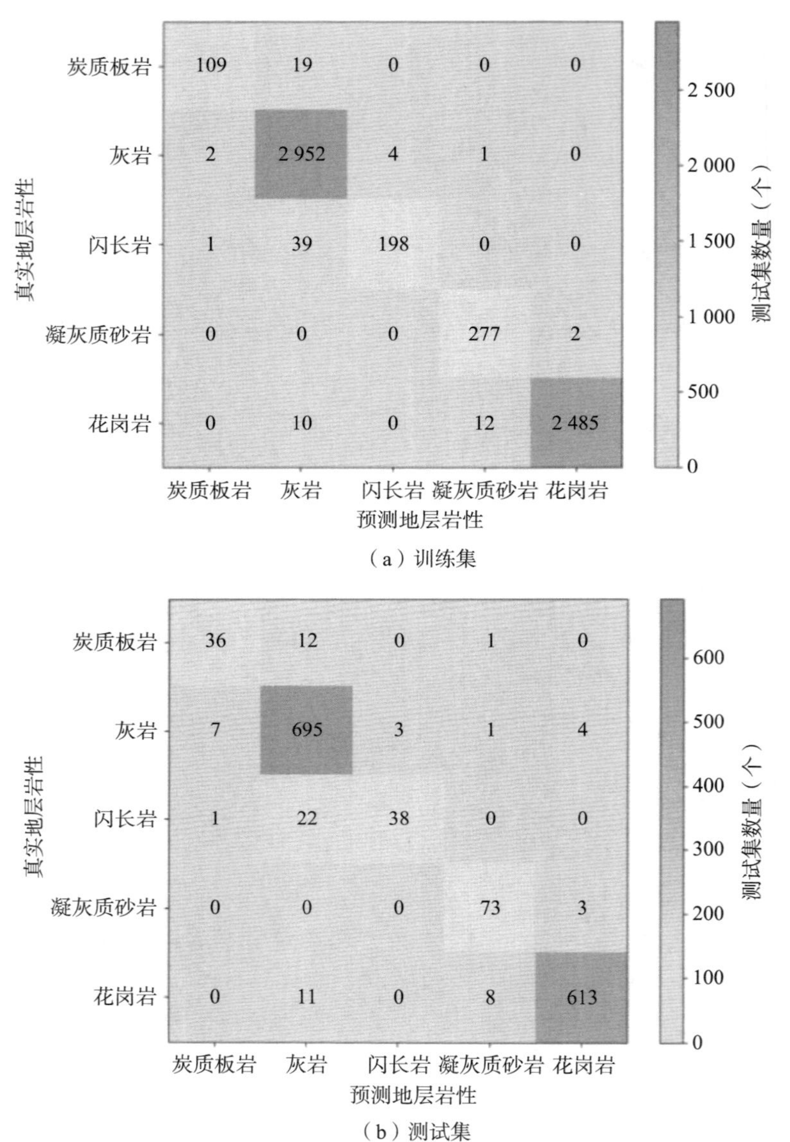

图 3.14　常规 LSTM 模型岩性感知的混淆矩阵

本文提出的 LSTM 模型的感知性能最优。非深度学习方法中，K- 近邻的性能最优，其在训练集和测试集中的准确率分别为 100% 和 95%。逻辑回归的性能表现最差，在训练集和测试集中的准确率仅为 92% 和 90%。整体而言，基于全局注意力机制的 LSTM 模型表现出最好的感知岩性性能。

表 3.5 逻辑回归、K- 近邻和决策树的超参数

Models	超参数	优化范围	间距	最优值
逻辑回归	正则化强度的倒数	（1，150）	1	3
K- 近邻	默认的邻居数量	（1，10）	1	1
决策树	树的最大深度	（1，15）	1	10
	叶节点所需的最小样本数	（1，15）	1	4
	分裂一个内部节点所需最小样本数	（1，15）	1	13

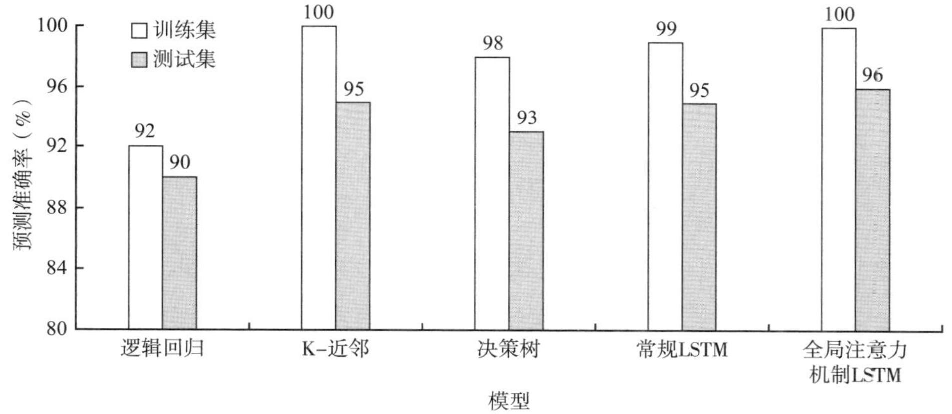

图 3.15 不同模型在训练集和测试集上的岩性感知性能

为了进一步对比不同模型分类岩性的性能，本文还考虑了 F_1- 分数。F_1- 分数同时考虑了分类模型的精确率和召回率，因此可用来评估不同模型识别 5 种岩性的性能。使用不同模型对不同岩性进行感知的 F_1- 分数如表 3.6 所示。感知结果表明，花岗岩在训练集和测试集上具有最高 F_1- 分数，分别为 100% 和 98.43%。灰岩在训练集和测试集中的 F_1- 分数第二高，分别为 100% 和 96.87%。闪长岩的感知结果最差，测试集中逻辑回归、K- 近邻和决策树的 F_1- 分数分别为 35.96%、73.85% 和 58.12%，基于全局注意力机制的 LSTM 模型对闪长岩的感知结果有明显改善，F_1- 分数大于 80%。

总的来说，尽管凝灰质砂岩全局注意力机制 LSTM 模型在测试集的 F_1- 分数略低于常规 LSTM 模型，炭质板岩全局注意力机制 LSTM 模型在测试集的 F_1- 分数略低于 K- 近邻模型，但基于全局注意力机制的 LSTM 模型在测试集

中显示出最佳性能。这进一步证明了基于全局注意力机制的 LSTM 模型感知岩性更有效，因为它在重要时刻为隐藏状态分配了更大的权重，从而在 TBM 时间序列数据和感知岩性目标之间建立了更紧密的联系。

表 3.6　不同模型的 F_1- 分数

模型		逻辑回归	K- 近邻	决策树	常规 LSTM 模型	全局注意力机制 LSTM 模型
训练集	炭质板岩	32.58	100.00	82.89	96.83	97.71
	灰岩	93.94	100.00	98.01	99.49	99.73
	闪长岩	40.35	100.00	94.90	96.58	98.54
	凝灰质砂岩	61.27	100.00	94.68	98.93	99.64
	花岗岩	97.81	100.00	99.40	99.72	99.90
测试集	炭质板岩	30.77	88.24	62.75	77.42	81.13
	灰岩	92.59	96.38	93.66	95.86	96.87
	闪长岩	35.96	73.85	58.12	74.51	85.25
	凝灰质砂岩	61.22	86.45	88.75	91.82	89.33
	花岗岩	96.62	98.10	97.65	97.92	98.43

3.2.3.3　特征贡献度分析

为了分析输入特征在感知岩性中的贡献度，本节选用了随机森林模型。随机森林可以有效地评价每个特征对感知的重要性得分[175]。在本研究中，随机森林输入特征的重要性得分通过计算基尼指数进行评估。基尼指数计算公式如下：

$$Gini(p)=1-\sum_{k=1}^{K}{p_k}^2 \qquad \text{（式 3.17）}$$

式中，K 为岩性的类别数量，样本属于第 k 类的概率为 p_k。

图 3.16 将 9 个输入特征根据重要性得分进行排序。在这些输入特征中，齿轮密封外密封压力、主机皮带机转速和撑靴泵压力的贡献度较大，其值分别为 0.36、0.25 和 0.17。同时，刀盘转速的重要性得分仅为 0.03。这表明，在感知岩性方面，齿轮密封外压力比刀盘转速更重要。

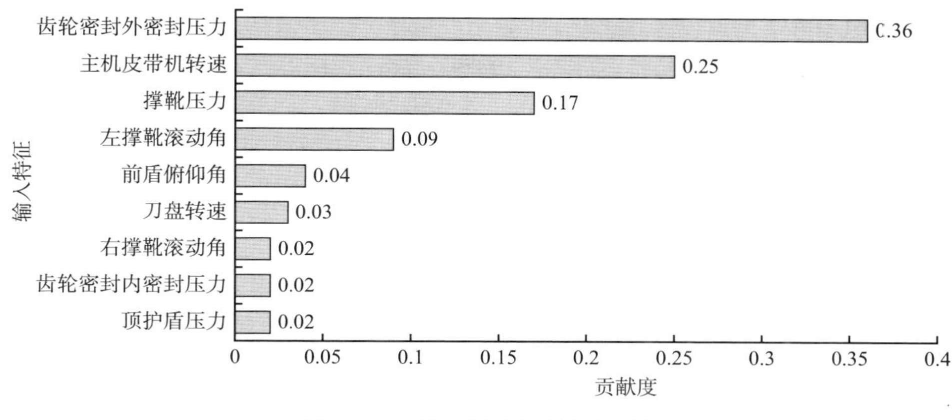

图 3.16 不同输入特征的贡献度

3.2.3.4 全局注意力机制对 LSTM 的影响

为了对比不同模型的训练时间，以及训练后模型感知岩性的时间，本文对所采用的模型进行了分析。众所周知，深度学习模型比非深度学习模型需要更多的时间进行训练。在这一部分中，表 3.7 列出了每个模型消耗的时间。从表 3.7 中可以看出，与其他模型相比，决策树训练和测试的时间最少。毫无疑问，常规 LSTM 模型和基于全局注意力机制的 LSTM 模型的训练时间远大于决策树的训练时间，深度学习 LSTM 模型也需要更多的时间进行优化。但比较训练集测试时间和测试集测试时间，上述模型差别较小。

表 3.7 每个模型的训练和测试时间

模型	时间消耗		
	训练时间（s）	训练集测试时间（s）	测试集测试时间（s）
逻辑回归	40.66	0.26	0.18
K- 近邻	27.45	0.64	0.68
决策树	6.54	0.20	0.18
常规 LSTM 模型	2 954.64	0.74	0.34
全局注意力机制 LSTM 模型	3 388.75	0.91	0.41

为了分析全局注意力机制对 LSTM 模型感知岩性的影响，本文以训练集中的损失函数进行评估，包含损失函数的收敛速度分析等，同时选用了标准差

等分析损失函数的数值变化。这里我们可以分析 LSTM 模型和全局注意力机制 LSTM 模型的最优超参数训练过程，以进一步讨论全局注意力机制的影响。从图 3.17（a）和图 3.17（b）可以看出，全局注意力机制 LSTM 模型的损失函数曲线在训练过程中收敛得更快。在最优超参数下，该模型满足训练要求花费的时间比常规 LSTM 模型更少。常规 LSTM 模型的训练时间大约是全局注意力机制 LSTM 模型的 1.2 倍。此外，全局注意力机制 LSTM 模型和常规 LSTM 模型

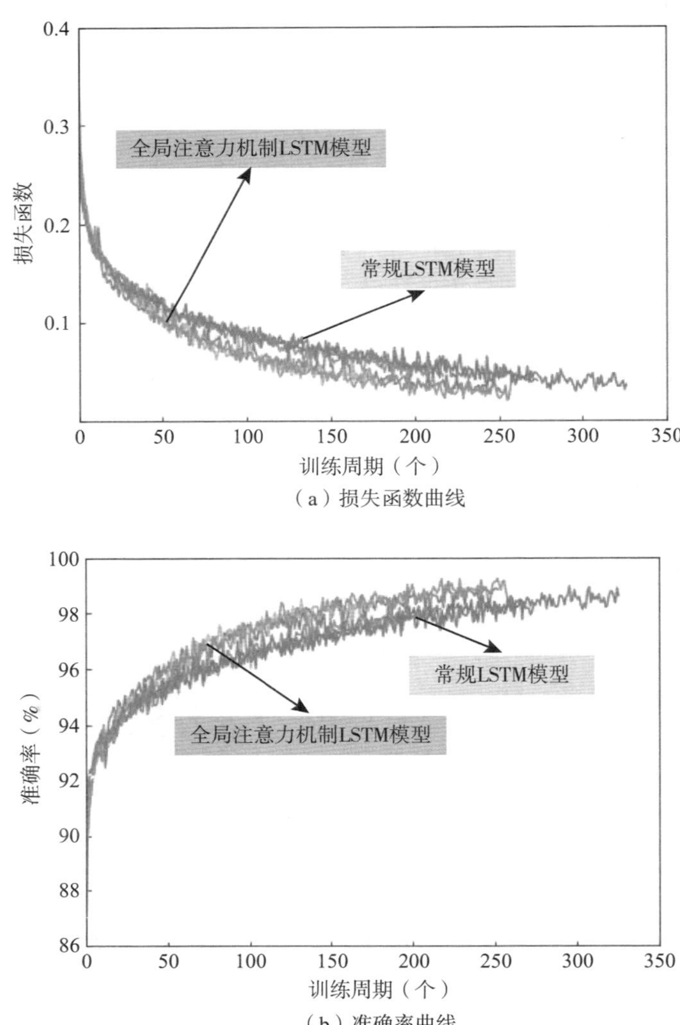

图 3.17　常规 LSTM 模型和全局注意力机制 LSTM 模型的训练集损失函数和准确性曲线

的训练损失值的平均标准偏差分别为 0.051 和 0.043。这表明全局注意力机制使 LSTM 模型的训练过程更加波动。同样，全局注意力机制 LSTM 模型和常规 LSTM 模型在训练集准确性方面的平均标准差分别为 0.019 和 0.016。在最优超参数下，全局注意力机制 LSTM 模型的收敛速度和训练时间都优于常规 LSTM 模型。

3.2.3.5 上升段不同时序长度对岩性感知的影响

为了探究上升段不同时序长度作为输入对岩性感知结果的影响，本节分别用上升段 15s、30s 和 60s 的数据作为输入，使用 K- 近邻与全局注意力机制 LSTM 模型分别对其进行感知，结果如图 3.18 所示。K- 近邻在测试集中的感知准确率分别为 95.35%、95.68% 和 95.68%，而全局注意力机制 LSTM 模型在测试集中的准确率分别为 96.20%、95.81% 和 96.47%。从感知结果中不难看出，随着上升段时序长度的增加，不同模型感知岩性的性能并未得到明显增强。这进一步表明了基于上升段 15s 数据可有效实现岩性的感知。当上升段时序长度为 30s 时，全局注意力机制 LSTM 模型的感知准确率有所下降，这可能是全局注意力机制的不稳定性造成的，但整体而言，结果是相近的。

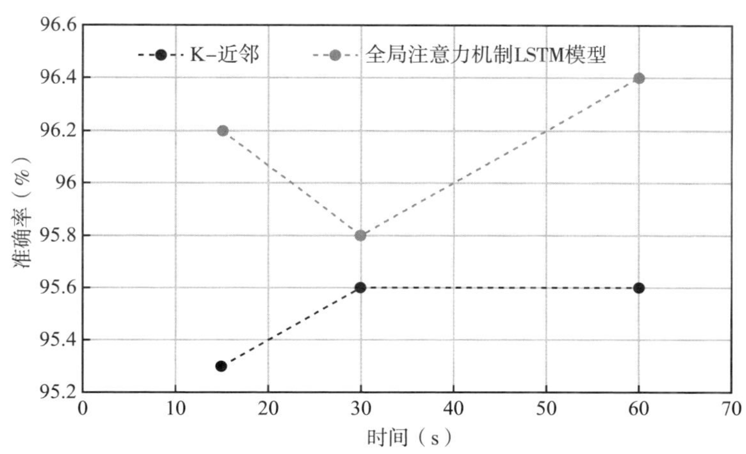

图 3.18 上升段不同时序长度对岩性感知结果的影响

3.2.3.6 岩性感知模型验证

为了进一步验证模型的适用性和感知岩性的可行性，本节基于新疆某

TBM 工程第二标段数据进行验证，该标段的岩性为凝灰岩，第二标段中岩性单一且未在吉林某 TBM 工程中出现，因此，本文将吉林某 TBM 工程数据与新疆某 TBM 工程第二标段数据共同用于训练模型并进行评估。

考虑到吉林某 TBM 工程中 5 种岩性的比例，新疆某 TBM 工程第二标段中共选取了 702 个掘进循环，即对应了 702 个凝灰岩。数据集中共包含了 6 种岩性，分别为炭质板岩、灰岩、闪长岩、凝灰质砂岩、花岗岩和凝灰岩。如前所述，本文基于数据驱动方法从 12 个输入特征中优选了 9 个输入特征，但第二标段的 9 个输入特征中仅包含了主机皮带机转速、撑靴泵压力、顶护盾压力和刀盘转速，且上述 4 个输入特征的贡献度在 9 个输入特征中分别排名第 2、第 3、第 6 和第 9。考虑到主机皮带机转速和撑靴泵压力的贡献度较高，本节尝试采用 4 个输入特征进行建模并评估模型性能。如图 3.19 所示，模型训练集的感知准确率为 96.27%，测试集的感知准确率为 93.11%。

相较于采用 9 个输入特征感知岩性，使用 4 个输入特征感知岩性的性能降低了。进一步采用 F_1– 分数评估模型性能，训练集和测试集中 6 种岩性的 F_1– 分数如表 3.8 所示。相较于表 3.6，炭质板岩、闪长岩和凝灰质砂岩的 F_1– 分数出现了较大幅度的降低。尤其是闪长岩，接近一半的掘进循环数据被感知为灰岩。

第二标段中凝灰岩在训练集和测试集中的感知准确率均为 100%，训练集中灰岩中的 3 个样本被感知为凝灰岩，测试集中炭质板岩的 1 个样本和灰岩的 3 个样本被感知为凝灰岩，整体而言，凝灰岩具有较高的识别度。当新的工程中出现新的岩性时，可将已开挖工程的数据与第二标段已开挖数据进行重新训练。当第二标段无法获取已开挖工程的特征时，可在 4 个输入特征基础上加入新的输入特征。如将贯入度和总推进力作为输入特征时，测试集的感知准确率为 92.39%。

表 3.8　不同岩性预测模型的 F_1– 分数

F_1– 分数（100%）	炭质板岩	灰岩	闪长岩	凝灰质砂岩	花岗岩	凝灰岩
训练集	75.11	96.70	74.71	90.45	98.53	99.74
测试集	61.54	94.11	56.00	79.47	97.50	98.50

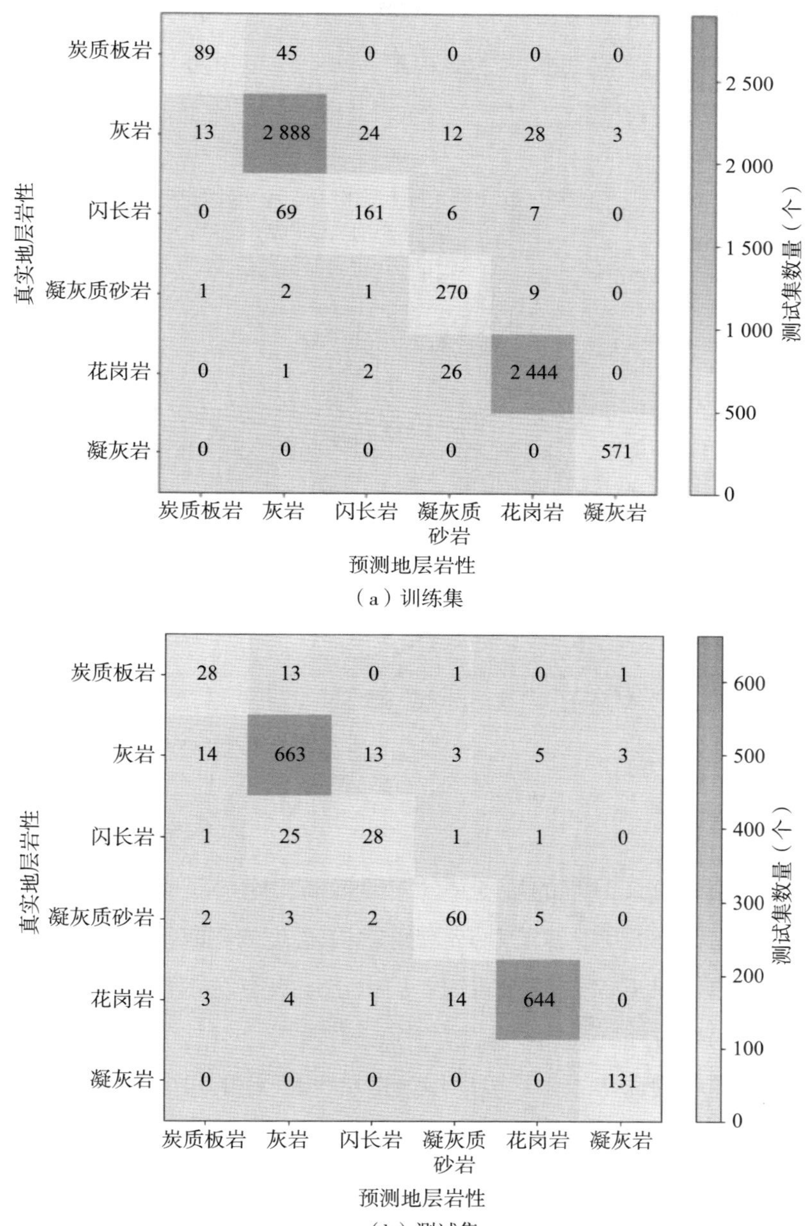

（a）训练集

（b）测试集

图 3.19　测试集 6 种岩性感知结果

为了进一步评估所训练的模型是否能够准确感知第二标段后续的岩性，本文使用未参与训练的第二标段中的 405 个连续掘进循环进行验证，所选的 405 个掘进循环对应的岩性同样为凝灰岩。如图 3.20 所示，训练后的模型能够准确感知第二标段中的岩性。

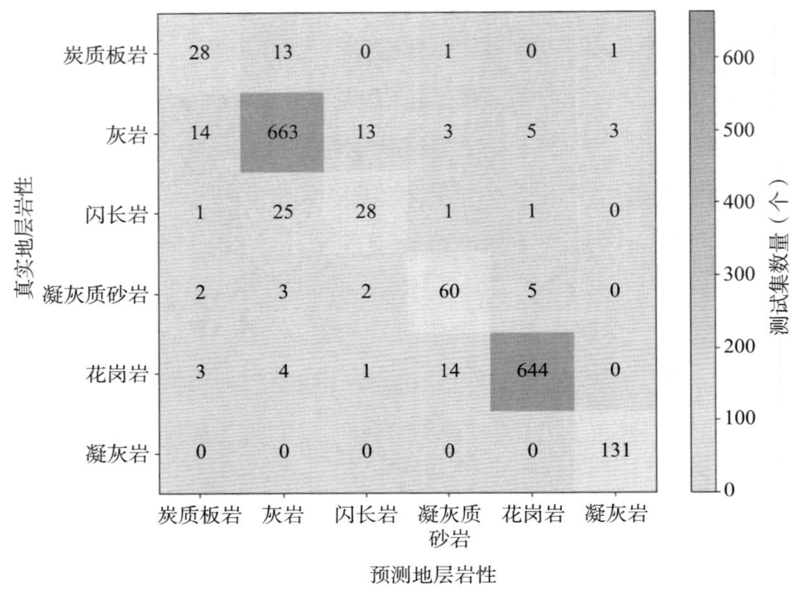

图 3.20　6 种岩性感知结果

长距离隧道施工过程的特点是施工强度高、施工周期长。此外，沿线要穿越不同的地层，不利于施工组织设计和施工进度的实时控制。虽然施工前期的地质勘探对指导 TBM 施工很重要，但由于地质条件的复杂性，仍存在很大的不确定性，如对施工周期和施工成本的初步估计。对工程岩性分布的勘探，主要依靠钻探和物探法等，这可以作为指导 TBM 开挖和设置支护方案的重要依据。但上述方法成本高、过程耗时长，不利于隧道工程的总成本控制和进度管理。

隧道施工过程是一个随机的、动态的过程，很难通过简单的数学模型进行研究，特别是 TBM 施工过程需要考虑施工数据的时间序列和复杂的非线性因素。因此，本文引入了基于全局注意力机制的 LSTM 模型进行探索，以实现对岩性的定量感知。从工程案例的验证结果来看，本文提出的方法显然可以用于 TBM 施工大数据的岩性感知，并优于比较的其他方法。该方法在一定程度上有助于缩短施工周期，降低工程总成本，减少施工风险。

在实际工程应用中，大家通常利用隧道内已完成的 TBM 施工数据建立模型，感知同一隧道未完成段的岩性。值得注意的是，工程初期 TBM 施工数据较少，同一隧道内若出现新的岩性，容易造成感知结果偏差。随着国内 TBM 大数据平台的建立，众多隧道工程的施工数据被收集起来（包含众多岩性），这在一定程度上有助于缓解上述情况。此外，岩性数据的不平衡性对数据量少的岩性不利，会导致其感知精度降低。但基于大数据背景，深度学习方法可以感知类似的岩性，这为施工人员快速制定施工方案提供了辅助手段。本文基于递归消除法选择了输入特征来感知岩性，这 9 个输入特征是 TBM 岩 – 机相互作用的结果，有助于启迪其他学者做更深入的研究。值得注意的是，这 9 个输入特征是基于数据驱动的方法得到的。

在大数据背景下，数据驱动可能是从大数据中选择输入特征的最有效的方法之一，但其仍存在一定的局限性。本部分仅基于 TBM 施工数据进行感知岩性的探索，旨在获得一种低成本、高效率、实时的感知岩性的方法。

本部分主要探讨了基于 TBM 施工数据建立智能大数据模型实现岩性感知，结合全局注意力机制和 LSTM 网络提出了 TBM 隧道岩性感知模型，基于 TBM 掘进循环上升段的前 15s 数据和数据驱动下所获取的 9 个掘进参数作为输入特征来感知岩性。

①本文所提出的全局注意力机制 LSTM 岩性感知模型考虑了上升段持续增长且时间关联性强的特点，能够捕获 TBM 施工数据的时间依赖性。本文通过全局注意力机制计算得到了 TBM 施工数据不同时刻的权重，增强了 LSTM 模型建立 TBM 施工数据与隧道岩性之间的关系，基于全局注意力机制的 LSTM 模型优于常规 LSTM 模型、逻辑回归、K– 近邻、决策树等方法，在感知岩性中其准确率为 96.14%。

②感知岩性不仅要考虑主机皮带机转速和刀盘转速等，还要考虑齿轮密封外密封压力、撑靴压力、前盾俯仰角等参数。结合全局注意力机制，LSTM 模型具有更快的收敛速度，但其增加了模型的不稳定性。本文尝试使输入的上

升段数据超过 15s，以增加模型感知岩性的准确率，但准确率增长非常有限。当新工程中出现新的岩性时，将已开挖工程的数据与新工程的数据共同训练的模型可以直接应用于实现新工程的岩性感知。

TBM 掘进过程如同一个小型掘进实验，不同岩性下 TBM 掘进参数具有差异性。为了能够快速感知 TBM 施工过程中的岩性，本部分试图采用人工智能技术建立岩性与 TBM 掘进参数的关系。对于其他影响因素，如地应力与水环境等，本文未考虑。本文目前仅建立了 6 种岩性数据集，在未来仍然需要收集更多的不同岩性数据。

4 围岩等级感知的轻量梯度提升机模型

当基于上升段数据来感知围岩等级时，我们发现其感知准确率仅为 86% 左右。而当上升段与稳定段的掘进时长达到 800s 甚至 3 000s 时，掘进数据量巨大，计算机性能无法满足计算要求，而本书 3.2 节提出的全局注意力机制 LSTM 模型在此情况下并不适用。基于此，本文尝试采用上升段与稳定段的均值作为输入以此来感知围岩等级。

建立掘进参数与围岩等级的非线性关系是困难的，目前选取的输入特征多基于经验方法。因此需要基于文献中所确定的输入特征，通过数据驱动的方法进一步优选输入特征来感知围岩等级。围岩等级数据不均衡会导致感知模型性能降低[19]，且为了获取有效的输入特征，需要考虑将高维度的输入特征作为输入以计算特征贡献度，因此本文考虑了轻量梯度提升机模型来解决上述问题。

本文将重点解释关键输入特征对围岩等级的影响。为了验证模型的可行性，文中将基于新疆某 TBM 工程数据验证模型的性能，重点分析基于已开挖的吉林某 TBM 工程数据所建立的模型能否直接感知新工程中的围岩等级。

4.1 围岩等级感知模型

为了能够更好地感知围岩等级，解决因围岩等级数据不均衡而导致的感知结果不能满足施工要求的问题，本节采用了轻量梯度提升机作为感知模型，通过沙普利加和解释分析所选择的输入特征对围岩等级的影响，并用树型 Parzen 估计优化算法进一步提升模型感知围岩等级的性能。

4.1.1 轻量梯度提升机

针对传统的机器学习算法在面对特征维度大时模型训练效率较低的问题，Ke 等[158]提出了一种改进的梯度提升决策树框架，即轻量梯度提升机（Light Gradient Boosting Machine，LightGBM）。LightGBM 采用多线程并行直方图加速训练过程，并采用基于梯度的单边采样（GOSS）和互斥稀疏变量捆绑（EFB）两种方法对数据进行预处理，以提升计算效率[158]。直方图算法是将连续的浮点变量值离散化成 K 个整数，构造宽度为 K 的直方图。遍历时将离散化的值作为索引在直方图中积累，遍历寻找最优的决策树分割点。GOSS 方法会保留所有大梯度样本，并对具有小梯度的样本随机采样。EFB 方法可以有效地减少用于构建直方图的特征数量，从而降低计算复杂度，特别是特征中包含大量稀疏特征时。此外，LightGBM 采用带深度限制的 Leaf-wise 生长策略来提高模型分类准确率[179]。如图 4.1 所示，传统 Boosting 方法的决策树的生长策略是按层生长，LightGBM 则从当前所有叶子中找到分裂增益最大的叶子分类。相较于 Boosting 方法，在分裂次数相同时，LightGBM 的误差更低。同时，LightGBM 可以通过树的深度及叶子数的限制，减小模型的复杂度，防止模型出现过拟合。

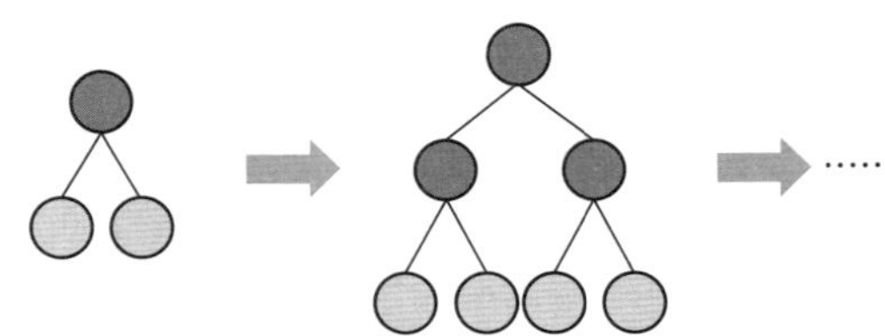

（a）树的生长方式——Boosting方法

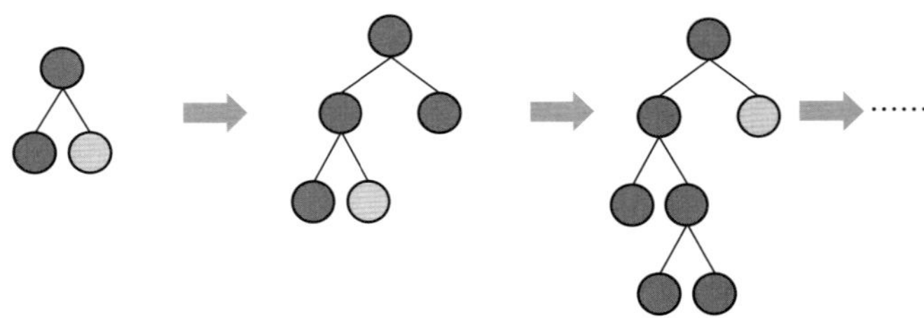

（b）树的生长方式——Leaf-wise生长策略

图 4.1 LightGBM 中树的生成策略

4.1.2 沙普利加和解释

令f为待解释的原始模型，g是沙普利加和解释（Shapley Additive exPlanations，SHAP）中用来解释f的模型。解释模型g通常使用简化的x'，通过映射函数$x = h_x(x')$分配给原始输入。正如Lundberg和Lee[180]所讨论的那样，当$z' \approx x'$时，总是满足$g(z') \approx f(h_x(z'))$[181]：

$$g(z') = \phi_0 + \sum_{i=1}^{M} \phi_i z_i' \qquad \text{（式 4.1）}$$

式中，$z' \in \{0,1\}^M$；M是输入特征的数量；$\phi_i \in R$，是每个输入特征的归因值；ϕ_0是解释模型的常数（所有训练样本的预测均值）。

同时，上述解释模型g需要满足如下性质：局部保真性（Local Accuracy），输入特征归因值的总和等于要解释模型的输出（每一个样本的输入特征归因值与常数归因值之和等于模型的输出值$f(x)$），即$f(x) = g(x') = \phi_0 + \sum_{i=1}^{M} \phi_i x_i'$；缺失性（Missingness），$x_i' = 0 \Rightarrow \phi_i = 0$，即$x_i' = 0$的特征没有归因影响；连续性（Consistency），$f_x(z') = f(h_x(z'))$，并且$z' \setminus i$表明$z' = 0$。对于任意两个模型f和f'：

$$f_x'(z') - f_x'(z' \setminus i) \geqslant f_x(z') - f_x(z' \setminus i) \qquad \text{（式 4.2）}$$

如果所有输入满足$z' \in \{0,1\}^M$，则$\phi_i(f', x) \geqslant \phi_i(f, x)$。

为了计算SHAP值，定义$f_x(S) = f(h_x(z')) = E[f(x) \mid xs]$，其中$S$是$z'$中非零索引的集合，$E[f(x) \mid xs]$是输入特征的子集$S$的条件期望值。SHAP值将这些条件期望与博弈论中的经典Shapley值进行结合，为每个特征赋予ϕ_i，公式如下：

$$\phi_i = \sum_{S \subseteq N \setminus \{i\}} \frac{|S|(M - |S| - 1)!}{M!} [f_x(S \cup \{i\} - f_x(S))] \qquad \text{（式 4.3）}$$

式中N是数据集中的所有输入特征。

SHAP值计算可以通过深度学习SHAP（Deep SHAP）、核函数SHAP（Kernel SHAP）和决策树SHAP（Tree SHAP）等实现。本研究使用了决策树SHAP（解释基于树型机器学习模型的SHAP版本）对LightGBM围岩等级感知模型进行解释。如果对每个样本（数据集为 $n \times M$，n 为掘进循环数量）进行 SHAP 计算，我们会得到一个 $n \times M$ 的 SHAP 值矩阵，并可以判断每个输入特征的贡献值是正数还是负数。当贡献值为正数时，表示该输入特征对该感知类别有益。SHAP 值还可以帮助解释模型的局部和全局[182]，如上所述，通过 $n \times M$ 的 SHAP 值矩阵就可解释整个模型，若每个掘进循环在围岩等级感知中的重要性，其公式如下：

$$I_i = \sum_{j=1}^{n} | \phi_i^{(j)} | \qquad \text{（式 4.4）}$$

式中，n 为掘进循环数量，i 为某个输入特征的掘进参数。

4.1.3 树型 Parzen 估计

超参数影响着机器学习模型的学习过程及其复杂度[179]，例如 LightGBM 中的学习率、树的最大深度。通常，不同数据集具有不同的超参数配置[183]。自动超参数优化不仅有助于节省部署机器学习的人力，提高机器学习模型的性能，还可以通过为特定模型提供相同级别的调整，从而对不同模型进行公平比较[184]。

本文采用树型 Parzen 估计（Tree-structured Parzen Estimator，TPE）超参数优化方法自动优化感知模型的超参数，该方法实际上是贝叶斯优化的一种变体[185]。得益于低计算复杂性，TPE 已经被广泛应用于机器学习模型的超参数优化[186-190]。TPE 在每次迭代中会使用给定的参数样本定义一个先验分布，然后在下一次迭代中对具有最高改进的样本进行测试。测试开始时，TPE 随机搜索参数空间，然后将收集的样本分为两组：第一组是用代价函数评价的性能最好的参数样本；第二组用于建立似然概率模型。每次迭代的预期改进（EI）公式如下：

$$EI = \frac{l(x)}{g(x)} \qquad \text{（式 4.5）}$$

其中，$l(x)$ 和 $g(x)$ 分别为第一组和第二组的概率。

4.2 中国水利水电工程围岩分级法

中国水利水电工程围岩分级法以岩石强度、岩体完整程度、结构面状态为基本元素，这些因素均被赋予正值；以地下水和主要结构面产状为修正因子，并为其赋予负值。5项因素之和的总评分为基本判据。考虑到地应力的围岩强度应力比为限定判据，其反映了围岩应力大小与围岩强度的相对关系[191]，则公式如下：

$$S = \frac{R_c \times K_v}{\sigma_m} \qquad \text{（式 4.6）}$$

式中，S 是强度应力比，R_c 是岩石单轴饱和抗压强度，K_v 岩体的完整性系数，σ_m 是围岩的最大主应力。

（1）岩石单轴饱和抗压强度

为了描述围岩的水软化特性，我们采用岩石单轴饱和抗压强度作为岩石强度的定量指标。岩石饱和单轴抗压强度采用附近钻孔或隧道内岩石室内试验成果，均具有代表性。隧道开挖后现场采用点荷载试验进行复核，点荷载实验的结果更具有代表性，其在一定程度上反映了随机取样的全断面岩石强度特征[191]。

（2）岩体的完整性系数

岩体内存在的各种结构面及填充物，会降低弹性纵波在岩体内的传播速度。岩体弹性纵波速度反映了因岩体不完整性而降低了的物理力学性质。然而，岩石基本上不包含明显的结构面，所以测得的岩石弹性纵波速度反映了完整岩石的物理力学性质。因此，岩体完整性系数可通过实测的岩体弹性纵波速度和岩石弹性纵波速度确定，其表达式为：

$$K_v = \left(\frac{V_m}{V_r}\right)^2 \qquad \text{（式 4.7）}$$

式中，K_v 为岩体完整系数，V_m（$m \cdot s^{-1}$）为岩体的弹性纵波速度，V_r（$m \cdot s^{-1}$）为岩石的弹性纵波速度。

（3）结构面状态

结构面状态是控制围岩稳定的重要因素之一。结构面状态是指地下洞室某一洞段内比较发育的、强度最弱的结构面的状态，包括其宽度、充填物、起伏粗糙和延伸长度等。

（4）地下水

本研究中地下水状态包含干燥、滴水或渗水、线状流水、突水 4 种状态。

（5）结构面产状

主要结构面产状与地下工程轴线夹角不同，对围岩稳定性的影响不同，可通过结构面走向与洞轴线夹角和结构面倾角进行评分。

中国水利水电工程围岩分级法将围岩等级划分为 5 类，随着围岩等级增高，岩体稳定性变差：Ⅰ类（极好岩体，围岩稳定）；Ⅱ类（好岩体，围岩基本稳定）；Ⅲ类（一般岩体，围岩整体稳定，局部围岩稳定性较差）；Ⅳ类（不良岩体，围岩不稳定）；Ⅴ类（极不良岩体，围岩无自稳能力）。本研究中，围岩等级动态变化，如图 4.2 所示。

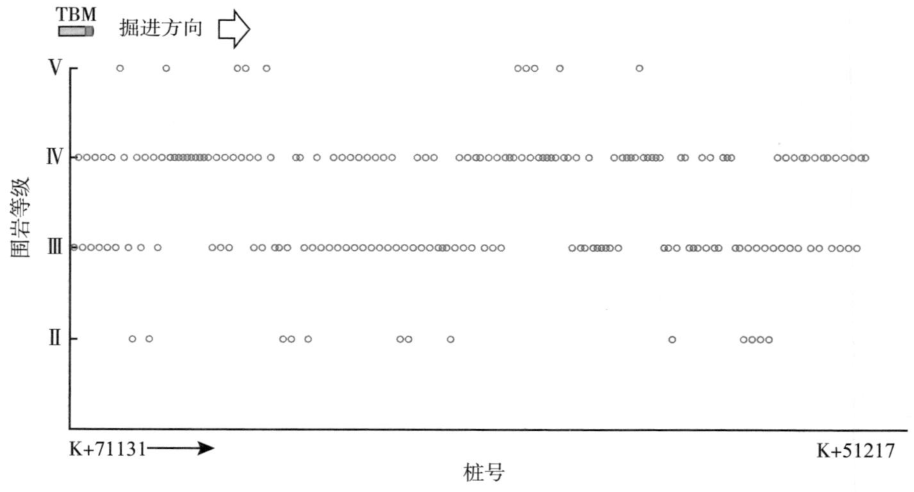

图 4.2　围岩等级的分布情况

为充分挖掘围岩等级与掘进参数之间的关系，本文以掘进进尺大于 0.05m 为提取条件，共获取了 7 505 个掘进循环来构建数据集，并依据桩号将地质信息中的围岩等级与掘进参数对应。整个数据集包括 285 个Ⅱ类掘进循环，4 465 个Ⅲ类掘进循环，2 191 个Ⅳ类掘进循环，564 个Ⅴ类掘进循环（本工程中未涉及Ⅰ类围岩，因此在涉及Ⅰ类围岩的工程中所提出的模型具有局限性）。

4.3　TBM 掘进参数分析

4.3.1　数据分析

不同围岩类别下，岩体的力学性质存在差异性。如表 4.1 所示，以吉林某 TBM 工程为例，该工程中Ⅱ、Ⅲ、Ⅳ和Ⅴ类围岩力学参数存在差异性。相关的物理力学参数由吉林省水利水电勘测设计研究院提供。同岩性感知一样，本文尝试基于 TBM 掘进参数与机器学习方法进行 TBM 隧道围岩等级感知。

表 4.1　吉林某 TBM 工程不同围岩等级的力学参数

围岩类别	饱和抗压强度	抗拉强度	岩体内聚力	岩体变形模量	泊松比	岩体纵波速
	MPa	MPa	MPa	GPa	—	m/s
Ⅱ	60~80	4~6	1.7~1.8	10~15	0.20~0.25	4 000~4 500
Ⅲ	60~80	4~5	1.3~1.5	8~10	0.26~0.28	3 000~4 500
Ⅳ	10~30	0.5~1	0.3~0.5	2~4	0.30	1 000~2 500
Ⅴ	<5	<0.3	0.05~0.1	0.2~2	0.35	<1 000

为了探究掘进参数在掘进过程中的特点以获取关键的掘进参数作为输入特征感知围岩等级，本节分析了文献中感知围岩等级和岩体参数等所用的输入特征[19，41，43]。

在 TBM 掘进过程中，操作人员需依据实际工况和先前经验调整 TBM 的刀盘转速和推进速度。刀盘转速为刀盘在掘进状态下的旋转速度，推进速度为主推进油缸的伸出速度。刀盘转速和推进速度受操作人员控制，属于控制参数。设定控制参数时可参照贯入度、刀盘扭矩和总推进力（运行参数）的实时变化进行调整。贯入度为刀盘旋转一周正滚刀侵入岩石的深度，推进速度为刀盘转速和贯入度的乘积。刀盘扭矩是刀盘在掘进状态下产生的总扭矩，总推进力为主推进油缸施加给主机大梁向前的推进力。在围岩变化不大时，刀盘扭矩和总推进力随贯入度的增大而增大。

4.3.2　TBM 状态参数

为了方便表述，本节将压力、支护和皮带机输碴等传感器测得的数据称为状态参数。TBM 掘进过程中，护盾张紧在洞壁上以稳定刀盘，减小因振动而施加在刀具上和主轴承上的径向荷载。TBM 护盾的接触挤压力可反映围岩变形对护盾的影响，如顶护盾压力、左护盾压力和右护盾压力[192]。同时，撑靴撑紧洞壁，为 TBM 向前掘进提供反作用力。对于围岩稳定性较差的岩体，操作人员应提高撑靴泵压力，以此提高撑靴与围岩的摩擦力。可以看出，撑靴泵压力和撑靴压力可反映当前撑靴在不同地质条件下的反作用力的工作状态[165]。撑靴滚动角的变化则体现出掌子面岩体的节理裂隙发展情况，如左撑靴滚动角和右撑靴滚动角。为提高围岩的稳定性，可采用钢拱架进行初期支护，所以钢拱架泵压力反映了初期支护时围岩变形情况[193]。掌子面破碎的岩石则经过刀盘铲斗转运至主机带式输送机，所以主机皮带机泵压力反映了围岩破碎情况。此外，主机皮带机转速和转渣皮带机转速也可反映围岩的破碎情况[194]。

4.3.3 TBM 构造参数

为消除操作人员主观操作的影响，本文用贯入指数（FPI）、滚动指数（TPI）评价 TBM 破岩的难易程度[195]。贯入指数表示单位贯入度所需单个滚刀的总推进力；滚动指数表示单位贯入度所需单个滚刀与岩体的周向摩擦阻力和切削力。两者能够反映刀盘与岩体之间的法向作用及切向作用的本质特征[169]。此外，贯入指数和滚动指数越大，掌子面岩体越硬或越完整。同时，本节考虑了单个掘进循环下的平均掘进速率（Avear）。贯入指数、滚动指数和平均掘进速率公式如下：

$$FPI=\frac{F_n}{P} \tag{式 4.8}$$

$$TPI=\frac{F_r}{P} \tag{式 4.9}$$

$$Avear=\frac{L_b}{t_b} \tag{式 4.10}$$

其中 F_n 是刀盘单刀平均推力，单位为 kN；F_r 是刀盘单刀平均扭矩力，单位为 kN·m；P 是刀盘的贯入度，单位为 mm/r；L_b 是单个掘进循环长度，单位为 m；t_b 是单个掘进循环的掘进时间，单位为 h。

4.3.4 基于 LSTM 模型感知围岩等级

在岩性感知时，本文建立了全局注意力机制 LSTM 模型。因此，本节尝试将上升段数据作为输入，采用全局注意力机制 LSTM 模型进行感知。由于采用的是上升段时序数据，本文所构造的平均掘进速率这个特征不适用。最终，本节将上升段 15s、30s、60s 和 90s 数据及 20 个掘进参数作为输入，探究基于上升段数据感知围岩等级的可行性。

如图 4.3 所示，上升段 15s 数据作为输入时全局注意力机制 LSTM 模型的

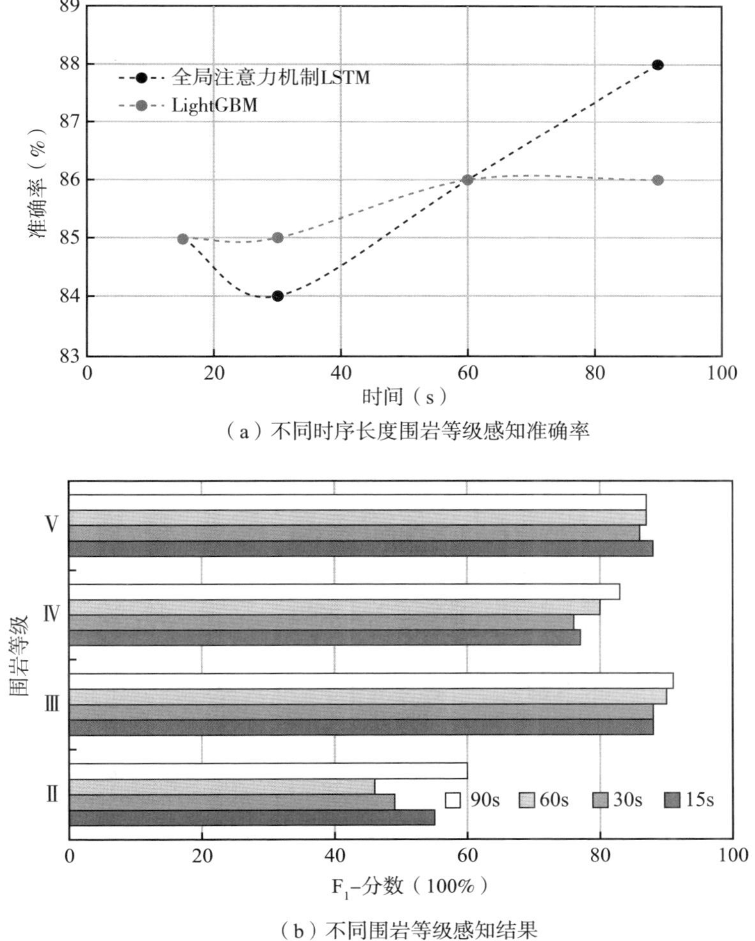

（a）不同时序长度围岩等级感知准确率

（b）不同围岩等级感知结果

图 4.3 上升段不同时序长度全局注意力机制 LSTM 模型感知结果

准确率为 85%，基于 90s 数据输入时准确率为 88%。整体而言，仅基于上升段数据无法有效地感知围岩等级，因此需要考虑同时使用上升段和稳定段数据。由于上升段与稳定段的掘进时长可达到 800s 甚至 3 000s，数据量巨大，而计算机性能无法满足计算要求，所以以时序数据作为输入的全局注意力机制 LSTM 模型也不再适用。

为了进一步验证基于上升段 90s 区间内感知围岩等级的可行性，本文也基于 LightGBM 进行了感知；同样，围岩等级的感知准确率最高仅为 86%，这进一步证明了应考虑 TBM 掘进循环更长的时序长度。因此，本文将对上升段与稳定段数据求取均值来探究感知围岩等级的可行性。

4.3.5 掘进参数数据分布分析

为了了解不同掘进参数在不同围岩等级下的数据变化规律，本节以箱型图对掘进参数进行展示。箱型图能够展示不同掘进参数在每一个围岩等级下的数据分布情况，包含均值、中位数等，感知围岩等级的预测流程如图 4.4 所示。

本文以 12 个掘进参数为例，分析在不同围岩等级下掘进参数的数据分布。从图 4.5（a）~ 图 4.5（e）中可以看出，Ⅱ和Ⅲ类围岩下掘进参数的数据分布相似。除贯入度外，刀盘转速、推进速度、刀盘扭矩和总推进力随着围岩等级增高，数值区间呈降低趋势。撑靴压力相较于撑靴泵压力，撑靴压力的规律更明显，即撑靴压力随着围岩等级增高而降低。这是因为随着围岩等级增高，围岩破碎，撑靴无法提供足够大的附着力。

在不同围岩等级下钢拱架泵压力没有明显规律。岩体越破碎，主机皮带机泵压力也越大。从图 4.5（j）中可以看出，TBM 在硬岩下的平均推进速度更快。此外，较高的滚动指数和贯入指数主要集中在Ⅱ和Ⅲ类围岩中。整体而言，Ⅳ和Ⅴ类围岩节理裂隙发育，单轴抗压强度低，软弱结构面较多，岩体破碎更容易。钢拱架泵压力和撑靴泵压力在不同围岩等级下数据分布差异性较小，而刀盘转速、推进速度、刀盘扭矩和总推进力的数据分布差异性较大。但不同围岩等级下数据分布存在交叉，仅通过箱型图不足以解释掘进参数在不同围岩等级的差异性。基于上述问题，需寻找合适的方法建立掘进参数与围岩等级的映射关系。

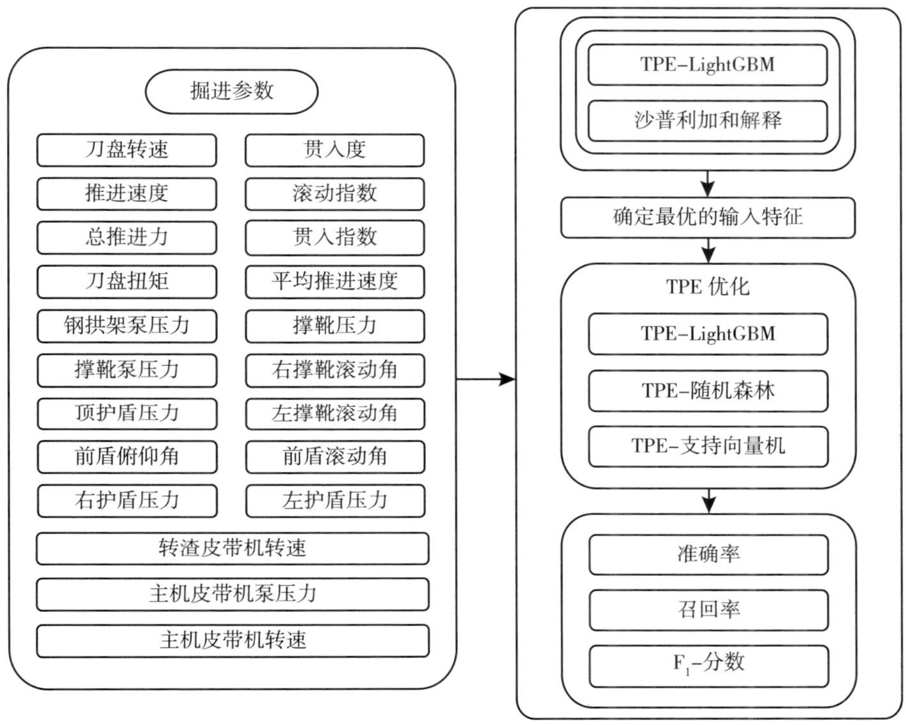

图 4.4　围岩等级预测流程

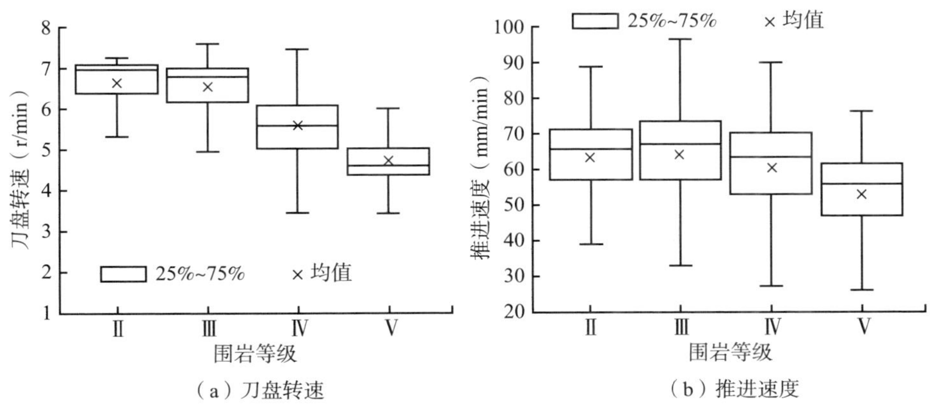

（a）刀盘转速　　（b）推进速度

图 4.5　不同围岩等级下施工参数分布

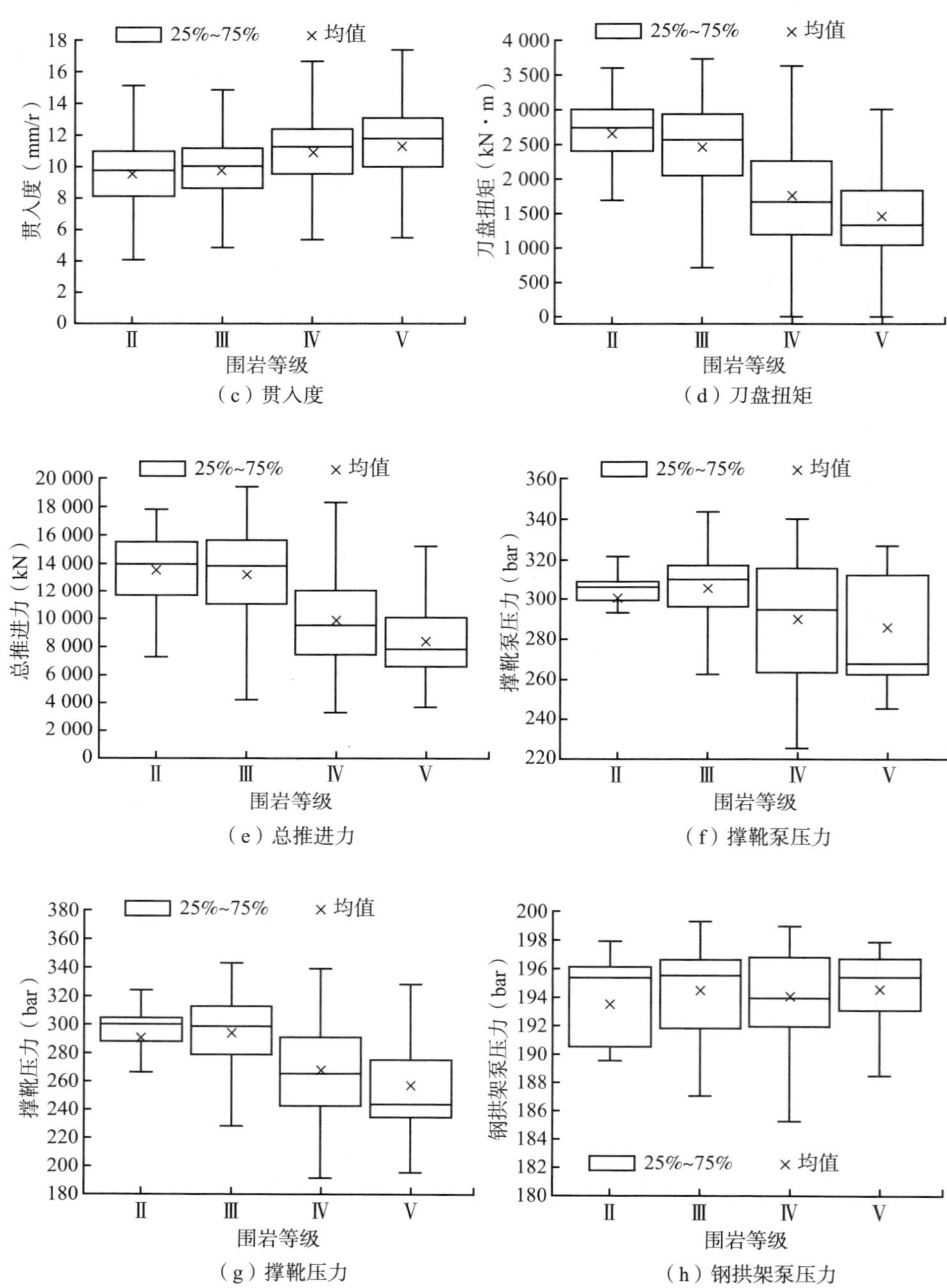

（c）贯入度
（d）刀盘扭矩
（e）总推进力
（f）撑靴泵压力
（g）撑靴压力
（h）钢拱架泵压力

图 4.5　不同围岩等级下施工参数分布（续）

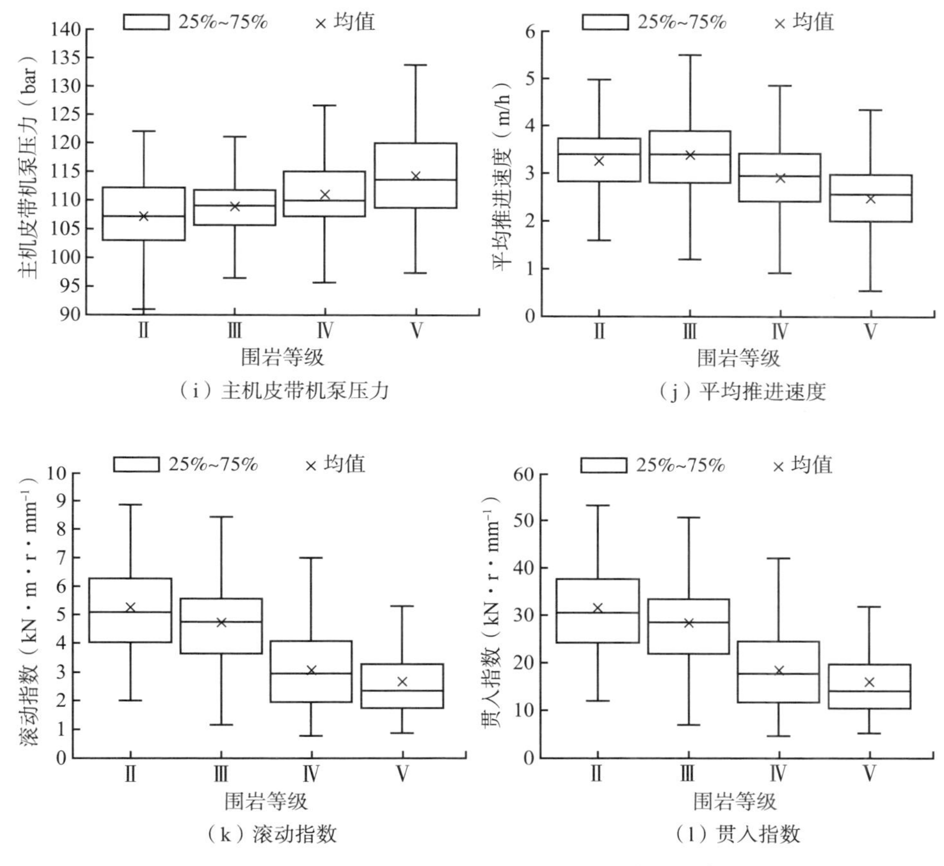

（i）主机皮带机泵压力

（j）平均推进速度

（k）滚动指数

（l）贯入指数

图 4.5 不同围岩等级下施工参数分布（续）

4.4 围岩等级感知结果对比分析

4.4.1 围岩等级感知模型超参数分析

围岩等级的预测流程如图 4.4 所示。为了提升模型感知围岩等级的性能，需要对模型进行超参数优化。本研究中考虑的感知围岩等级的模型包括 LightGBM、随机森林和支持向量机。上述围岩等级感知模型需进行超参数优化以达到最优性能。表 4.2 列出了围岩等级分类模型的超参数范围。除了 LightGBM，每个模型的超参数含义和其他细节都可以在 Scikit-learn 库中找到[171]。支持向量机有线性、径向基和多项式等核函数，核函数不同，超参数配置存在较大差异。本文参考张等[196]在 TBM 性能预测方面的研究，发现径向基核函数的性能更优，故本文支持向量机的核函数选择径向基。

表 4.2　三个分类模型的超参数

模型	超参数	优化区间	类型
LightGBM	树的最大深度	（1，15）	整数
	树的数量	（1，500）	整数
	叶子的最大数量	（1，200）	整数
	学习率	（0.001，0.5）	连续值
随机森林	树的最大深度	（2，50）	整数
	树的数量	（1，500）	整数
	拆分内部节点所需的最小样本数	（2，20）	整数
	在叶节点处需要的最小样本数	（2，20）	整数
支持向量机	核函数	径向基	离散值
	惩罚系数	（1，20）	连续值
	Gamma 值	（0.001，0.1）	连续值

4.4.2　围岩等级感知所选用的输入特征

为了进一步从 21 个掘进参数中优选输入特征感知围岩等级，本节基于 SHAP 值和交叉验证的方法来剔除无关特征。为了最大限度地保留数据信息且降低训练时间，这里将上升段与稳定段的掘进参数求取均值，并将其作为感知围岩等级的输入数据。尽管本文基于文献和数据分析从 199 个掘进参数中选择了 21 个掘进参数，但仍然无法得到最优特征集合来感知围岩等级，因此，本文引入了 SHAP 进一步优选特征。按照惯例，我们将数据集随机划分，数据集中 80% 的数据用于训练模型，20% 的数据用于测试[196]。通过 TPE 与 10 折交叉验证优化 LightGBM 模型的超参数，从而得到最优模型。图 4.6 对训练集中每个特征的平均绝对 SHAP 值进行了排序。可以看出，刀盘转速的平均绝对 SHAP 值最大，对感知围岩等级的贡献最大，数值为 6.16。其次为钢拱架泵压力，其平均绝对 SHAP 值达到了 3.59。撑靴压力和撑靴泵压力的平均绝对

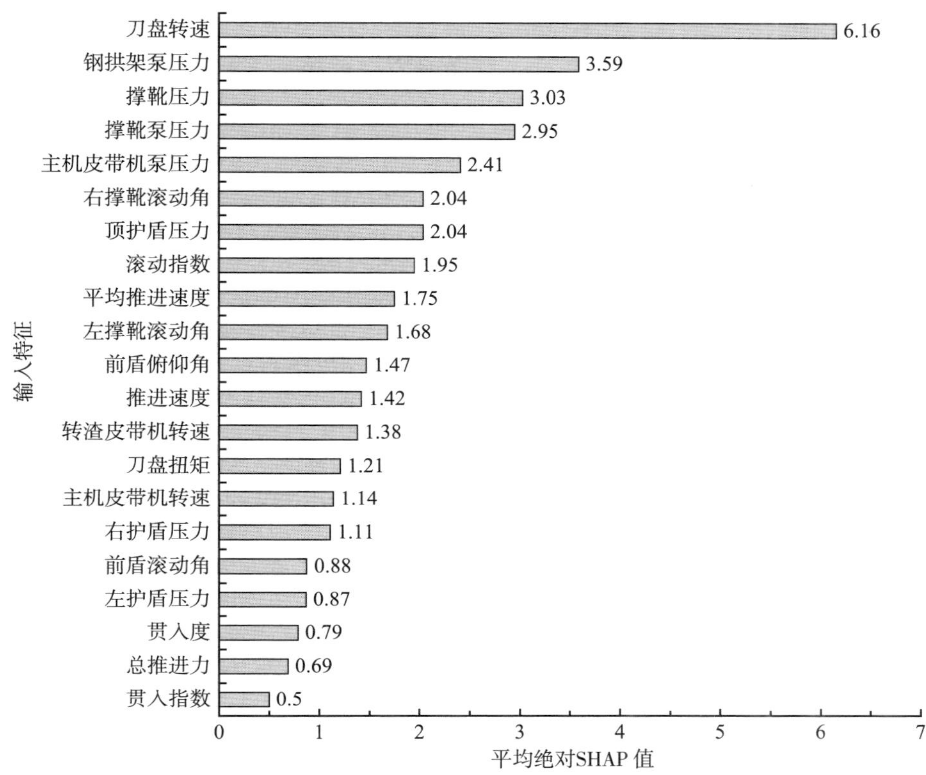

图 4.6 通过取 SHAP 值的平均绝对值获得每个特征的相对重要性

SHAP 值分别为 3.03 和 2.95。通常，撑靴会提供较大的摩擦力以满足总推进力的需要。但总推进力的平均绝对 SHAP 值仅为 0.69。此外，贯入度的平均绝对 SHAP 值也较低，仅为 0.79。滚动指数和平均推进速度的平均绝对 SHAP 值远大于贯入指数。

可见，滚动指数和平均推进速度对感知围岩等级更为重要。尽管 Hassanpour 等[197]研究发现贯入指数与地质参数之间存在较强的相关性，但从数据驱动结果来看，贯入指数对感知围岩等级的贡献较小。不同工程采用不同的围岩等级分级方法，其所产生的参数也存在差异性。

接下来对 21 个输入特征的平均绝对 SHAP 值排序，依次去掉平均绝对 SHAP 值最小的特征，以准确率为目标在训练集上进行 10 折交叉验证。如图 4.7 所示，当特征组合数量达到 12 时，准确率达到最优。因此，本文最终

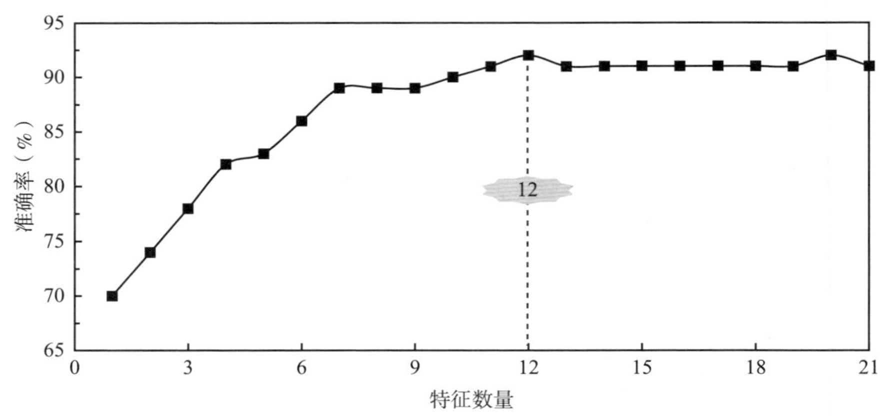

图 4.7　不同数量特征的准确率

选择 12 个特征来感知围岩等级。

图 4.8 给出了感知围岩等级的输入特征之间的皮尔逊相关性分析，每个面板中的数字表示成对特征之间的相关性值。可见，除撑靴压力与撑靴泵压力之间的相关性较大外，其余特征之间的相关性均较小。

为了分析所优选的输入特征的数据分布区间及其数据的波动性，本文根据各输入特征的平均值和标准差得到概率密度曲线以分析输入特征的数据分布，各输入特征的数据分布如图 4.9 所示，同时结合掘进参数在不同围岩等级下的分布（见图 4.5）进行分析。从所获取的数据分布来看，撑靴泵压力和撑靴压力的标准差较大，数据的离散性更大，所以对撑靴在不同围岩等级下的调控是较困难的。顶护盾与围岩的接触面较大，在不同地质条件下的反应较为明显，因此顶护盾压力应重点关注。相较于推进速度，刀盘转速的标准差仅为 0.9，这表明刀盘转速的设定过程相对更简易，且数值主要分布在 5~7 r/min；而推进速度标准差更大，调控更复杂，且数据主要集中在 40~80 mm/min，在Ⅱ ~ Ⅳ类围岩下推进速度的差异性较小。

4.4.3　围岩等级模型感知结果比较

图 4.10 展示了不同模型的超参数优化过程，每个围岩等级感知模型的训练迭代次数为 50，准确率最高的超参数组合将被作为最优超参数。

	刀盘转速	钢拱架泵压力	撑靴压力	撑靴泵压力	主机皮带机泵压力	右撑靴滚动角	顶护盾压力	滚动指数	平均推进速度	左撑靴滚动角	前盾俯仰角	推进速度
刀盘转速	1	−0.1	0.45	0.28	−0.3	−0.3	0.11	0.61	0.31	−0.002 6	−0.025	0.33
钢拱架泵压力	−0.1	1	0.4	0.56	0.56	0.39	0.18	0.083	0.03	0.23	−0.59	0.049
撑靴压力	0.45	0.4	1	0.87	0.017	−0.046	0.2	0.59	0.006 6	0.25	−0.37	−0.016
撑靴泵压力	0.28	0.56	0.87	1	0.2	0.092	0.16	0.45	0.031	0.21	−0.45	0.000 84
主机皮带机泵压力	−0.3	0.56	0.017	0.2	1	0.41	0.045	−0.26	0.15	0.16	−0.32	0.22
右撑靴滚动角	−0.3	0.39	−0.046	0.092	0.41	1	0.049	−0.24	−0.02	−0.067	−0.051	0.026
顶护盾压力	0.11	0.18	0.2	0.16	0.045	0.049	1	0.22	−0.039	0.12	−0.11	−0.038
滚动指数	0.61	0.083	0.59	0.45	−0.26	−0.24	0.22	1	−0.14	0.21	−0.18	−0.24
平均推进速度	0.31	0.03	0.006 6	0.031	0.15	−0.02	−0.039	−0.14	1	−0.11	−0.026	0.7
左撑靴滚动角	−0.002 6	0.23	0.25	0.21	0.16	−0.067	0.12	0.21	−0.11	1	−0.48	−0.071
前盾俯仰角	−0.025	−0.59	−0.37	−0.45	−0.32	−0.051	−0.11	−0.18	−0.026	−0.48	1	−0.037
推进速度	0.33	0.049	−0.016	0.000 84	0.22	0.026	−0.038	−0.24	0.7	−0.071	−0.037	1

图 4.8　输入特征的相关性分析

模型在训练集中的最优超参数如表 4.3 所示。得到最优模型后，使用测试集评估模型感知围岩等级的结果。由于围岩等级数据不均衡，需重点关注数据数量较少的围岩类别的分类情况。为了进一步展示不同模型感知围岩等级的结果，本文还通过混淆矩阵来分析模型在测试集上的性能。混淆矩阵显示了模型感知围岩等级的情况，矩阵对角线上的元素表示被正确感知的围岩等级数量。评估模型的其他性能指标分别是精确率和召回率，结合精度和召回率可以进一步分析模型的性能。

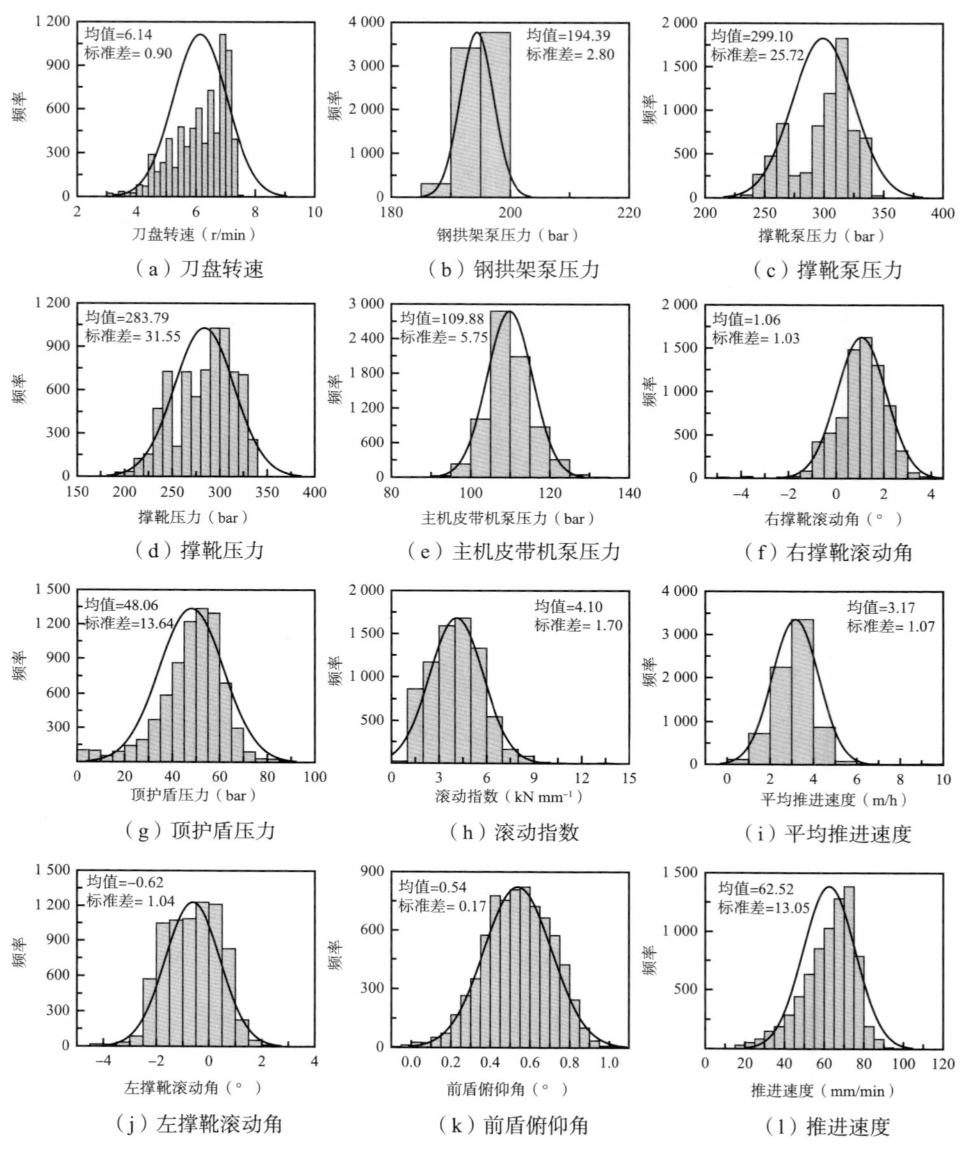

（a）刀盘转速　（b）钢拱架泵压力　（c）撑靴泵压力

（d）撑靴压力　（e）主机皮带机泵压力　（f）右撑靴滚动角

（g）顶护盾压力　（h）滚动指数　（i）平均推进速度

（j）左撑靴滚动角　（k）前盾俯仰角　（l）推进速度

图 4.9　输入特征的数据分布

如图 4.11 所示，本研究中选择的 LightGBM 模型在训练集的准确率为 100%，在测试集的准确率为 93%。如图 4.11（a）所示，LightGBM 模型在训练集中的精度和召回率达到了 100%，这表明模型能够学习到 TBM 掘进参数

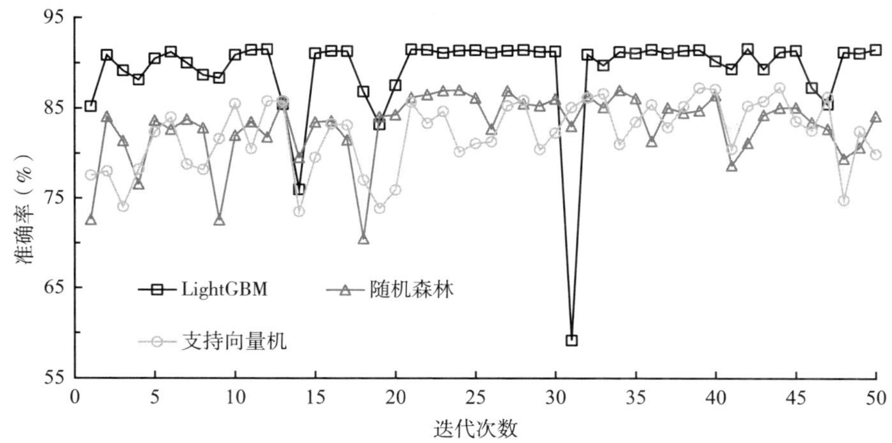

图 4.10　不同模型的超参数优化过程

表 4.3　3 个模型的最优超参数

模型	超参数	最优超参数值
LightGBM	树的最大深度	25
	树的数量	382
	叶子的最大数量	89
	学习率	0.11
随机森林	树的最大深度	49
	树的数量	292
	拆分内部节点所需的最小样本数	4
	在叶节点处需要的最小样本数	2
支持向量机	核函数	径向基核函数
	惩罚系数	58.35
	Gamma 值	0.09

与围岩等级之间的隐含关系。如图 4.11（b）所示，在测试集中，Ⅲ与Ⅴ类围岩的精度和召回率均超过了 90%，但Ⅱ类围岩的召回率仅为 69%。总体而言，LightGBM 具有较好的围岩等级感知性能。相较于Ⅲ、Ⅳ和Ⅴ类围岩，Ⅱ类围岩数据数量较少，这是造成模型性能降低的主要原因。

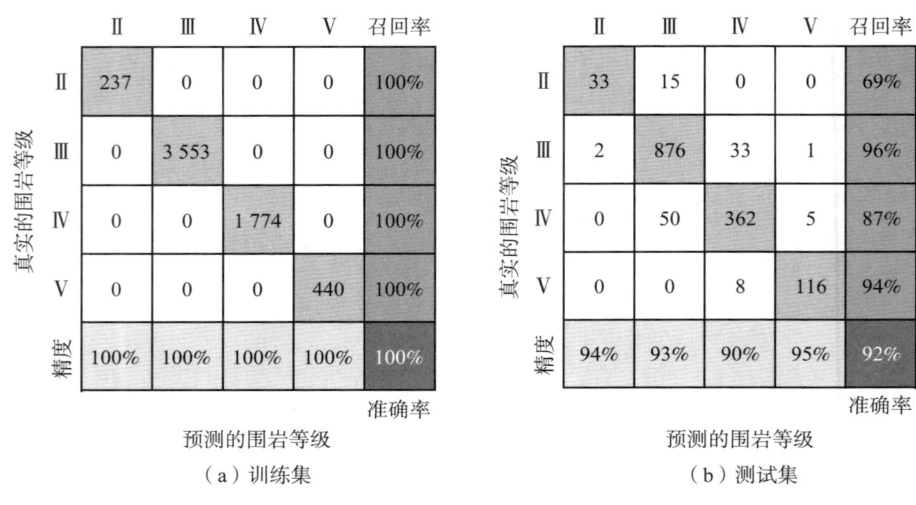

图 4.11　LightGBM 在训练集和测试集下的混淆矩阵

为了进一步对比不同模型在感知围岩等级方面的适用性，本文同时比较了随机森林和支持向量机模型。为了消除不同大小的输入特征对模型性能的影响并减少计算量，本文在数据输入支持向量机模型前进行了标准分数归一化。

$$x^* = \frac{x - \bar{x}}{\sigma} \quad \text{（式 4.11）}$$

式中，x^* 为归一化后的数据，x 为 TBM 施工数据，$\bar{x}$ 为 TBM 施工数据的均值，σ 为 TBM 施工数据的标准差。

随机森林和支持向量机在训练集与测试集的围岩等级感知结果如图 4.12 所示。随机森林和支持向量机在训练集中的准确率分别为 100% 和 97%，随机森林和支持向量机在测试集中的准确率均为 89%。可以看出，随机森林和支持向量机的性能接近。但随机森林在感知Ⅱ类围岩时召回率仅为 35%，远低于支持向量机的感知结果（65%）。对比 LightGBM、随机森林和支持向量机在训练集和测试集的准确率，可以看出 LightGBM 的性能最优。

为了探究所使用的围岩等级感知模型在不同类别下的感知性能，本文使用 F_1– 分数对 3 个模型进行了评估。工程地质条件的特殊性决定了隧道围岩等级数据不均衡，如吉林某 TBM 工程中的Ⅱ类围岩数据。如表 4.4 所示，LightGBM 有效地提高了Ⅱ类围岩的识别精度，与随机森林和支持向量机相比分别提高了

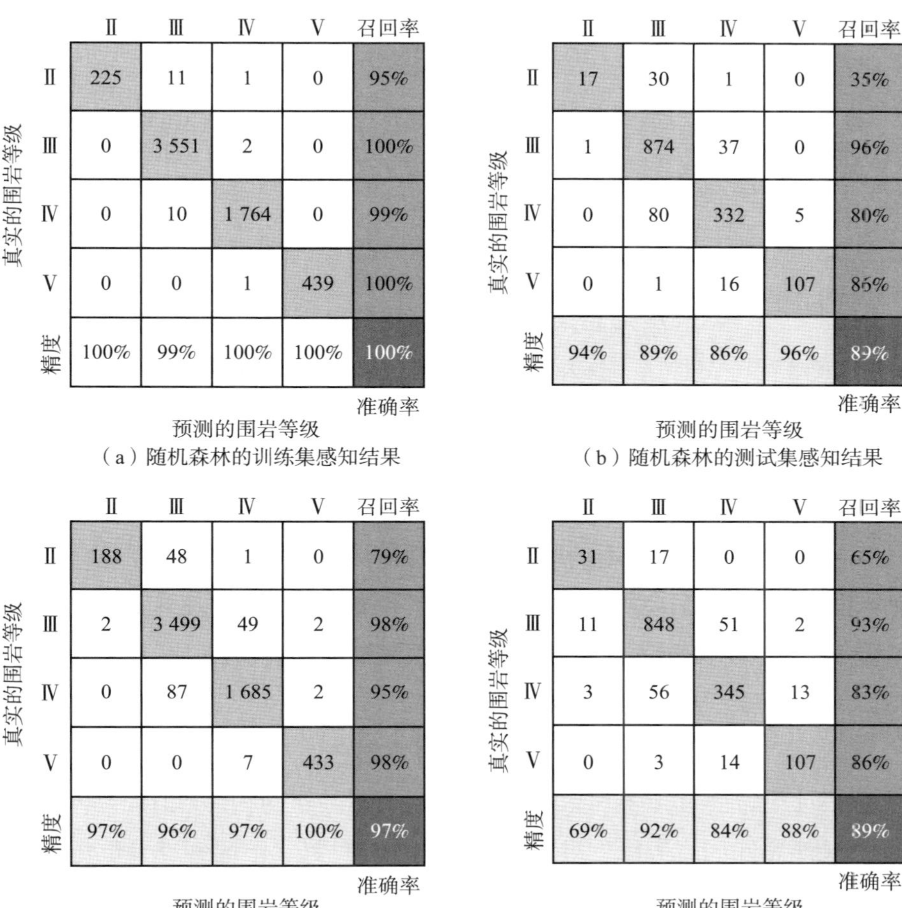

（a）随机森林的训练集感知结果

（b）随机森林的测试集感知结果

（c）支持向量机训练集感知结果

（d）支持向量机测试集感知结果

图 4.12　不同模型在训练集和测试集下的混淆矩阵

28% 和 13%。此外，LightGBM 在每个围岩类别下的 F_1– 分数均最高。结果表明，LightGBM 能有效提高不均衡数据的精度，具有良好的泛化性能。

表 4.4　不同模型的 F_1– 分数

模型	围岩等级类别			
	Ⅱ	Ⅲ	Ⅳ	Ⅴ
LightGBM	80%	95%	88%	94%
随机森林	52%	92%	83%	91%
支持向量机	67%	92%	83%	87%

4.5 围岩等级感知讨论与分析

本节重点分析特征对感知围岩等级的影响、不同模型的训练时间成本、高相关性特征对感知结果的影响，以及围岩等级模型验证等。

4.5.1 基于 SHAP 的特征分析与围岩等级感知模型解释

为进一步探讨关键特征数值变化对感知围岩等级的影响，基于 SHAP 值（取平均绝对 SHAP 值）再次对输入特征进行排序。不同的特征集在模型中的贡献度是不同的。如图 4.13 所示，刀盘转速、钢拱架泵压力、撑靴压力、撑靴泵压力、滚动指数和主机皮带机泵压力较为重要。但不同特征对围岩等级的影响各不相同。感知Ⅱ类围岩时，钢拱架泵压力和撑靴泵压力影响最大；感知Ⅲ类围岩时，刀盘转速、钢拱架泵压力、撑靴压力和滚动指数的贡献较大；感知Ⅳ类围岩时，刀盘转速、钢拱架泵压力、撑靴压力、撑靴泵压力、滚动指数和主机皮带机泵压力的贡献较大；感知Ⅴ类围岩时，刀盘转速、撑靴压力、撑靴泵压力和主机皮带机泵压力贡献较大。

综上所述，不同掘进参数在感知围岩等级方面存在差异。此外，单个掘进参数很难正确感知围岩等级。分析发现，刀盘转速的 SHAP 值最大，但只通过刀盘转速感知围岩等级的准确率仅为 70%。可见，不同掘进参数作为输入

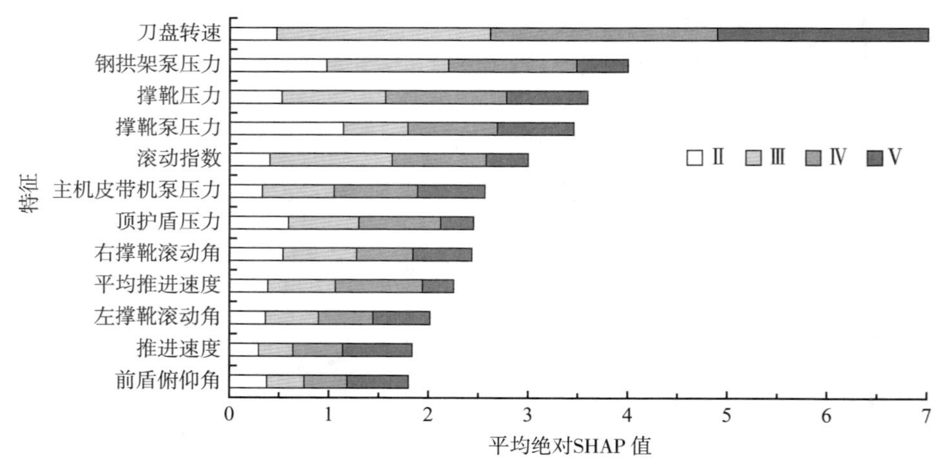

图 4.13 每个输入特征对不同围岩等级的重要性分数

特征相互耦合能够共同感知围岩等级。但掘进参数变化如何影响围岩等级还不明确，因此有必要探究每个掘进参数对感知围岩等级的影响。

依据输入特征的 SHAP 值排名，本文探究了部分掘进参数在不同围岩等级下的差异，着重分析了 SHAP 值较大的刀盘转速、钢拱架泵压力、撑靴压力、撑靴泵压力、滚动指数和主机皮带机泵压力。输入特征对围岩等级的影响范围和分布可以通过摘要图得到，如图 4.14 所示。摘要图上的每个点都是一个输入特征和一个掘进循环的 SHAP 值，输入特征的值从最大值向最小值变化。其在 Y 轴上的位置由输入特征（某个掘进参数）决定，在 X 轴上的位置由 SHAP 值决定。图 4.14（a）~ 图 4.14（d）分别表示不同掘进参数对感知Ⅱ、Ⅲ、Ⅳ、Ⅴ类围岩的影响。

如图 4.14 所示，刀盘转速越大，对感知Ⅱ、Ⅲ类围岩的影响越大，刀盘转速减小，反而增加了感知Ⅳ和Ⅴ类围岩的概率，这与图 4.5（a）的趋势一致。尽管钢拱架泵压力在感知Ⅱ类围岩中规律不明显，但钢拱架泵压力增加对感知Ⅲ类围岩影响增大，对感知Ⅳ类围岩影响降低。撑靴压力越大，对感知Ⅱ和Ⅲ类围岩的影响越大；反之，对感知Ⅳ和Ⅴ类围岩的影响降低。值得注意的是，撑靴泵压力越大，对感知Ⅳ和Ⅴ类围岩的影响越大。尽管撑靴泵压力和撑靴压力存在较大的线性关系，但两者的趋势截然不同。围岩等级较大时，围岩十分软弱，无法承受撑靴的压力，易导致撑靴陷入围岩或发生打滑现象。在这种情况下，施工人员会增加撑靴泵压力，满足撑靴最低撑紧压力要求。滚动指数的规律与刀盘转速类似，滚动指数越大，对感知Ⅱ和Ⅲ类围岩的影响越大，对感知Ⅳ和Ⅴ类围岩的影响越小。通常，围岩等级较低时，刀盘上滚刀破碎掌子面岩石会更容易，出渣量也较大。此时，主机皮带机泵压力会更大一些。从摘要图中看，主机皮带机泵压力越大，对感知Ⅳ和Ⅴ类围岩的影响越大。

综上所述，不同掘进参数对感知围岩等级的影响存在明显差异，单一掘进参数很难准确感知围岩等级。从图 4.14 中获得的规律可以启发 TBM 设计人员及施工人员的工作，为 TBM 在不同围岩等级下建立相应的施工方案。

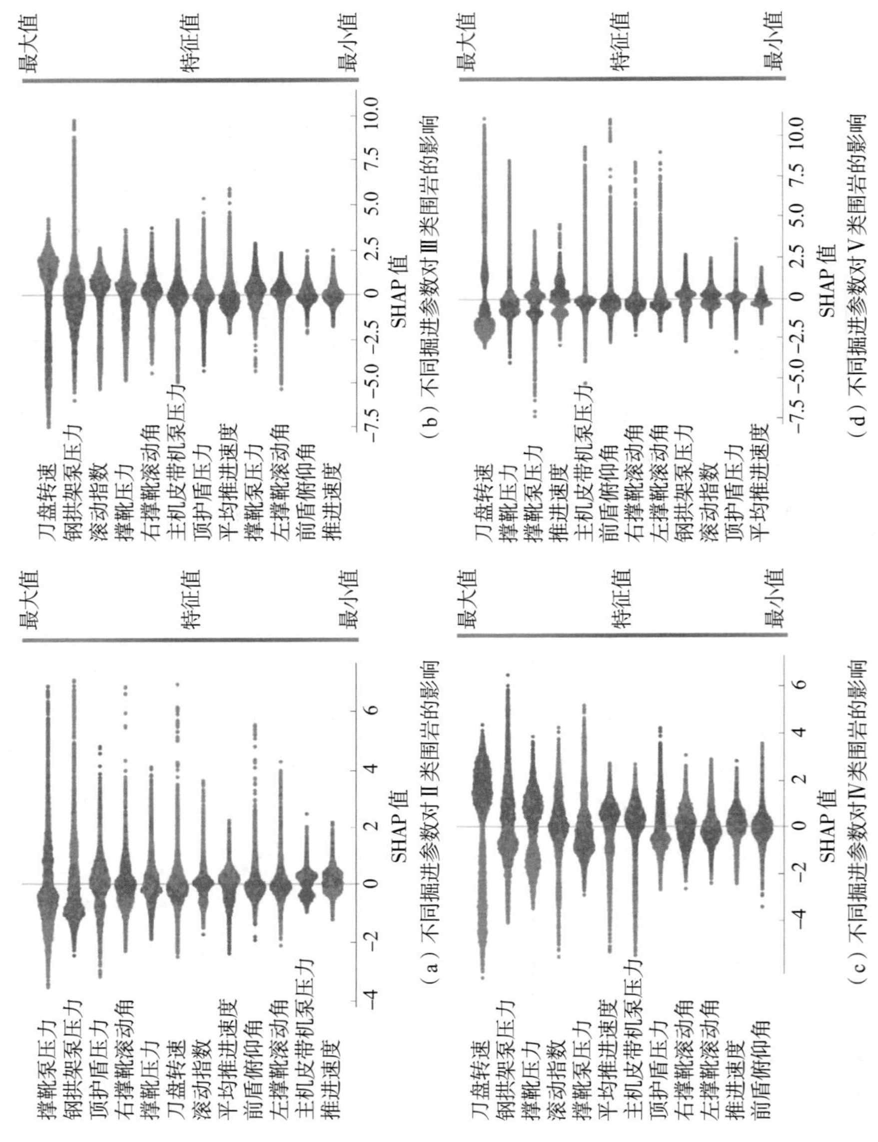

图 4.14　LightGBM 模型的 SHAP 摘要图

4.5.2　围岩等级感知模型的时间复杂度分析

为了对比所使用的模型在训练模型和测试模型时花费的时间，本节统计了 3 个模型的时间成本。如表 4.5 所示，支持向量机的训练时间最长，其次是 LightGBM，随机森林的训练时间最短。此外，模型在测试时间上差异较小。整体而言，模型在训练过程和测试过程差距不大，因此，感知围岩等级的精度更为关键。基于前文可知，LightGBM 对感知围岩等级具有更好的适用性，具体表现在提高了少数类别围岩等级感知性能。

表 4.5　不同模型的时间成本对比

模型	时间成本		
	训练时间（s）	训练集测试时间（s）	测试集测试时间（s）
LightGBM	229.94	0.37	0.30
随机森林	156.86	0.44	0.25
支持向量机	230.27	0.48	0.25

4.5.3　输入特征敏感性分析

本节探究了高相关性输入特征是否会引起模型性能降低的问题，并深入分析了仅考虑 TBM 关键的 4 个掘进参数（刀盘转速、推进速度、刀盘扭矩和总推进力）是否能够感知围岩等级。撑靴压力与撑靴泵压力的皮尔逊相关系数为 0.87，属于强相关，两者同时作为输入会导致模型感知围岩等级的性能降低。如 4.5.1 节所述，撑靴压力的 SHAP 值大于撑靴泵压力。因此，本节分析了去除撑靴泵压力后模型对感知围岩等级的影响[186]。同时，刀盘转速、推进速度、刀盘扭矩和总推进力已被用于感知围岩等级[43]，本节探讨了通过 4 个掘进参数感知围岩等级的准确率。

为探究上述情况，本节基于训练集划分了 10 个子集，并评估了每个子集的准确率（使用交叉验证方法）。如图 4.15 所示，删除撑靴泵压力后，模型在 10 个子集中的准确率明显降低（相较于 12 个掘进参数）。结果表明，撑靴泵压力对感知围岩等级有一定贡献度。而仅使用刀盘转速、推进速度、刀盘扭矩和总推进力难以感知围岩等级，准确率最高仅为 76%。

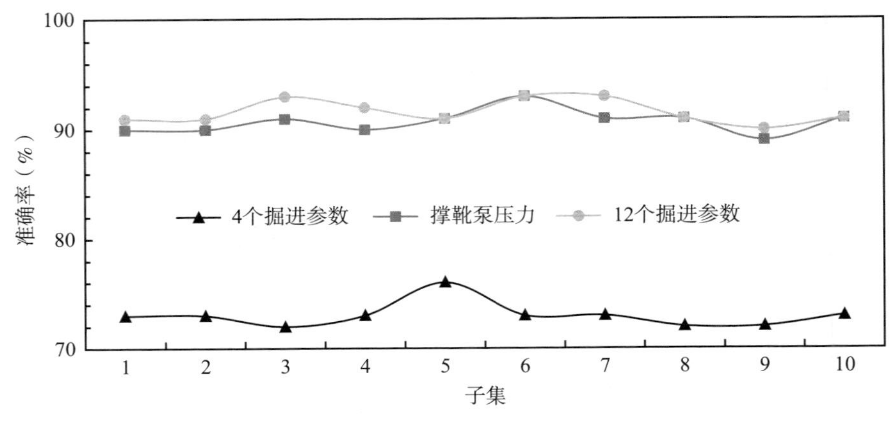

图 4.15　模型在 10 个子集中的准确率比较

4.5.4　围岩等级感知模型验证

为了验证所提出模型的性能、选择的输入特征的合理性，以及模型应用于其他工程时所存在的具体问题，本节利用新疆某 TBM 工程第一标段数据进行验证。作为钻探法和物探法的辅助方法，感知模型基于人工智能技术挖掘了 12 个掘进参数作为输入特征来感知围岩等级，这个过程是实时的。由于 TBM 隧道不同，新工程中模型只获取了 7 个掘进参数（除钢拱泵压力、撑靴压力、左撑靴滚动角、右撑靴滚动角和前盾俯仰角外）作为感知围岩等级的输入特征，为了验证所选择的输入特征和模型的可行性，本文将基于两个阶段进行评估。

第一阶段，先将第一标段所收集的 343 个掘进循环（2 个Ⅱ类围岩掘进循环，293 个Ⅲ类围岩掘进循环，48 个Ⅳ类围岩掘进循环）随机分为训练集和测试集以探究所收集的 7 个输入特征是否可以用于围岩等级感知。考虑到Ⅳ类围岩掘进循环数量太少，因此，本文将整个掘进循环的测试集比例设置为 0.4。接着，基于第一标段训练集训练模型，然后在测试集（138 个掘进循环）中评估围岩等级分类结果。如图 4.16（a）所示，Ⅲ类围岩的召回率达到了 98%，Ⅳ类围岩的召回率达到了 70%，总体准确率为 94%。可以得出结论，所采集的 7 个输入特征可以有效地感知围岩等级，但不可否认的是，第一标段中无法收集到的其他 5 个掘进参数，可能会影响模型的性能。

不同工程下的岩体等级分布是不同的，甚至可能几百米内仅是一类围岩等级。当没有足够的数据时，基于机器学习方法的模型无法进行有效的感知。虽然超前钻探法和物探法可以在隧道施工初期提前获得地质条件，但往往会降低施工进度，因此，有必要研究是否可以根据已开挖的工程数据（如吉林某 TBM 工程）进行模型训练，然后对第一标段的围岩等级进行感知。

第二阶段中，本文以吉林某 TBM 工程数据作为训练集，用训练后的模型直接感知第一标段 343 个掘进循环对应的围岩等级。如图 4.16（b）所示，Ⅲ类围岩的召回率达到了 77%，Ⅳ类围岩的召回率达到了 58%，总体准确率为 74%。在Ⅳ类围岩中，有 28 个掘进循环被准确感知，有 12 个掘进循环被感知为Ⅲ类围岩，另外有 8 个掘进循环被感知为Ⅴ类围岩。尽管未能准确感知为对应的围岩类别，但感知结果是相近的，所以基于已开挖数据训练模型在一定程度上可以作为参考。由于数据不平衡，Ⅱ类围岩没有被有效感知。整体而言，使用已开挖隧道数据训练机器学习模型来感知新工程的围岩等级是可行的。

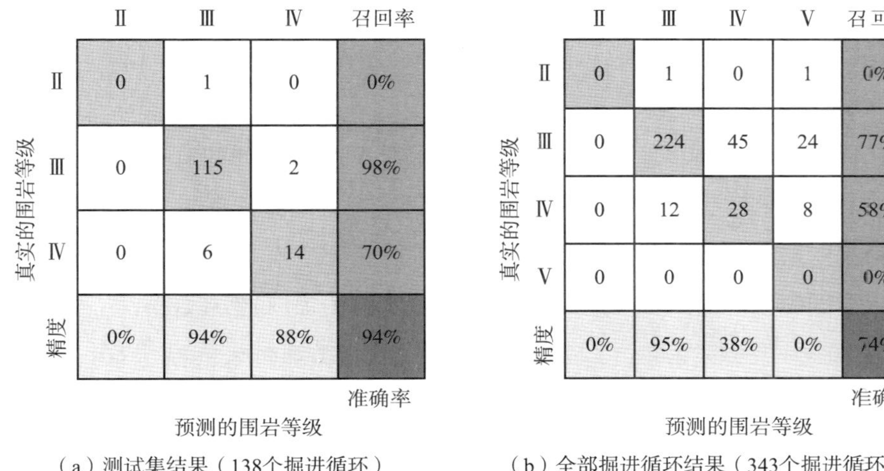

（a）测试集结果（138个掘进循环）　（b）全部掘进循环结果（343个掘进循环）

图 4.16　基于新疆某 TBM 工程第一标段的围岩等级感知验证

本文通过两个 TBM 工程数据来探讨感知围岩等级的可行性。通常，TBM 更适合在Ⅲ类围岩下施工，但 TBM 隧道中围岩等级的分布是不平衡的，Ⅱ、Ⅳ、Ⅴ类围岩比例较小，因此，这类围岩数据的感知准确率较低。均衡算法通常被应用于不平衡数据以提高模型的感知性能，但这增加了模型的训练成本。因此，收集多个工程的 TBM 施工数据建立均衡数据集是感知围岩等级的重要举措。

TBM 隧道围岩等级分布不均衡导致了模型感知性能降低，本部分尝试建立了一种基于 LightGBM 的围岩等级感知模型，通过 SHAP 解释了输入特征与围岩等级之间的复杂非线性关系。

①上升段 90s 数据区间内，本文提出的全局注意力机制 LSTM 模型和 LightGBM 模型感知围岩等级的准确率低于 88%，不足以感知围岩等级，需考虑更长的时序长度。

②提出的 LightGBM 围岩等级感知模型解决了等级数据不均衡且输入特征多易引起感知性能降低且计算时间长的问题。本文基于 SHAP 和交叉验证从 21 个掘进参数中选择了 12 个参数作为输入特征来感知围岩等级，使 LightGBM 的感知准确率达到了 92%。相较于经典的随机森林和支持向量机模型，本文提出的模型在围岩等级数据不均衡导致感知性能降低的问题上进行了优化。

③不同掘进参数在不同围岩等级下具有差异性，刀盘转速对感知围岩等级的影响最大。仅基于刀盘转速、推进速度、刀盘扭矩和总推进力不能准确感知围岩等级。

④围岩等级模型的验证表明所采用的模型和选择的特征可以有效感知新工程中的围岩等级，依托已开挖工程建立的模型可以感知新工程中的围岩等级，但部分新工程无法收集全 12 个输入特征，易导致模型的性能降低。

目前国内大部分 TBM 隧道采用中国水利水电工程围岩分级法评估稳定性，本文主要基于智能模型建立了围岩等级与掘进参数的映射关系。本文并未涉及建立 TBM 隧道新的围岩分级方法。由于所收集的数据中未包含 I 类围岩，模型的适用性存在缺陷。TBM 隧道围岩地层中常规地层包含了岩性和围岩等级，还包含不良地质（如断层），且断层对 TBM 施工影响大，很有必要做断层超前感知。

5 TBM隧道断层智能感知模型

5.1 概述

当TBM穿越断层时，容易引发开挖面失稳，而围岩软硬不均，刀盘旋转时易产生振动，导致TBM机体的摆动增加，加快刀具损耗；在开挖后，掌子面及拱顶坍塌易将TBM刀盘埋入，刀盘旋转困难，严重时会造成卡机；软弱的岩体结构和大量节理使隧道边墙易坍塌，易造成TBM撑靴打滑，不足以提供反作用力；在水压作用下，断层附近的节理为地下水提供了通道，突涌水事故极易发生[198]。出现上述问题的原因是断层内填充物稳定性差，胶结强度低，不能够实现自稳，因此超前感知断层可以帮助施工人员提前做好应对方案，如支护方案或掘进方案等。

物探法在判识断层的延伸情况、不良地质体的规模和性质等方面具有较好的准确性，结合激发极化超前探水技术能够及时探明隧道中水体的分布情况，防止断层附近大量节理和软弱的岩体结构引起突涌水等情况[199]。物探法也存在局限性，如瞬变电磁法等可以探明断层在掌子面前方的具体位置，但会受TBM设备上金属结构的干扰[155]。虽然，物探法通常探测距离较远，如瞬变电磁法可探测100m距离，但TBM施工是相对连续的过程，大部分物探法需要停机勘探。因此，可以考虑基于TBM掘进参数使用人工智能技术实现动态的断层超前感知，将其作为辅助手段。断层感知更注重于超前判识断层的存在，保证掘进安全，并能够及时制定支护方案等，防止发生重大灾害，如塌方等。

通过数值模拟分析，可以发现当TBM隧道穿越断层时，出现了应力集中的现象[200]。同感知围岩等级相似，为了尽可能保留足够多的信息且减少数据量，本文选取了掘进循环上升段与稳定段数据的均值作为研究对象，考虑到断层附近岩体的物理力学性质发生变化，基于刀盘扭矩分析了断层前的变化规律，并划分了平稳段、预警段和断层段。为了能够揭示断层前掘进参数的变化趋势，本文建立了机器学习方法，并采用部分依赖图对模型进行解释以获取规律。机器学习中，单一的机器学习方法依然存在劣势，为了更好地提高模型的性能，本文采取了加权投票集成策略，建立了加权集成投票模型。一般而言，如果训练数据集的样本数量小于几百，则可以将其视为小样本数据，而断层数据符合上述特点，加权集成投票模型能够更好地发挥模型的优势。

本文对收集的 9 个断层区域的掘进参数进行了分析，试图寻找一种可基于掘进参数变化实现断层超前感知的方法。为了能够超前感知断层，本文选择了 7 个掘进参数作为输入特征，并评估输入特征在断层感知中的影响。为了探究掘进参数在预警段和断层段的数据变化规律，本文基于部分依赖图进行了深入分析。值得注意的是，本文是基于吉林某 TBM 工程的少量断层记录试图建立掘进参数与断层之间的关系，由于断层数量有限，本文所建立的断层智能感知模型无法给出超前感知断层的距离，且断层几何参数为多少时能感知到断层目前也无法得出有效结论。本文仅基于掘进参数在断层附近的变化进行初步探索。

5.2 特征选择与断层前掘进参数变化分析

5.2.1 断层统计

在 TBM 掘进过程中，桩号范围 71 138~70 588、68 709~68 371、67 038~66 349、66 349~66 221 区域内共遭遇 9 个断层，断层统计数据如表 5.1 所示。断层的填充物分别为炭质板岩及断层泥、断层泥及断层角砾、断层泥及碎裂岩等。从表 5.1 中可以看出断层的出露长度均超过 4m，断层的宽度存在差异性，最大的宽度为 60cm，最小的宽度为 1cm，宽度较小的断层在 TBM 掘进过程中数据变化规律较小，数据统计较困难。

表 5.1 引水隧道施工揭露断层统计

序号	出露桩号	填充物	出露长度（m）	宽度（cm）
1	71 133~71 123.9	炭质板岩及断层泥	9.1	15~60
2	71 090.5~71 079.5	断层泥及断层角砾	11	15~28
3	70 995.4~71 003.2	炭质板岩及断层泥	7.8	1~7
4	70 911.3~70 896	断层泥及碎裂岩	15.3	20~40
5	70 747.5~70 742	断层泥及断层角砾	5.5	15~25
6	70 707.5~70 703.2	断层泥及断层角砾	4.3	5
7	66 322~66 309	断层泥及断层角砾	13	10~20
8	66 295~66 284	断层泥及断层角砾	11	5~10
9	66 239~66 226	断层泥及断层角砾	13	10~20

从卡机的数据统计来看，这些断层不足以导致 TBM 发生较大事故[82]。但 TBM 通过断层区域时，渣片的形状可能是块状，这容易导致皮带输送机的压力增大，严重时会造成塌方。此外，断层区域加剧了撑靴在围岩上的不稳定性，进而容易发生撑靴打滑等问题，撑靴无法提供足够的反作用力，降低了 TBM 掘进的效率与安全性。本文试图通过所获取的施工数据和断层信息发现断层前掘进参数的变化规律及机器学习模型解释获得的规律。

5.2.2 特征选择

为获取有效的 TBM 施工数据感知断层，本文对上述 9 个断层所在的 TBM 掘进段所包含的 865 个掘进循环进行了处理。剔除刀盘扭矩数值为零的掘进循环及塌方段的掘进循环后，最终保留 771 个有效循环。总掘进循环数据中，一共包含 108 个含断层的循环，约占总数据的 14%。TBM 掘进参数为 TBM 与岩体交互时实时变化的参数，包括护盾压力、刀盘扭矩、总推进力等。为实现 TBM 安全平稳掘进，操作人员往往根据已知的地质信息和掘进参数的实时变化进行安全高效调整。因此，掌握 TBM 掘进过程中关键掘进参数的变化规律是断层超前感知的核心。

本文依据文献对 TBM 掘进参数进行分析，选择有效的输入特征以感知断层。推进压力的大小可反映围岩的强度；刀盘扭矩的大小可反映围岩的完整性[168]；护盾压力可反映围岩收敛对护盾外表面的接触压力[192]；前盾俯仰角、前盾滚动角能反映掘进过程中 TBM 的实时姿态；齿轮密封压力反映了施工过程中润滑油路各控制阀、流量计的指示参数。因此，这里初步选取刀盘扭矩、顶护盾压力、左护盾压力、右护盾压力、前盾俯仰角、前盾滚动角、齿轮密封外封压力、推进泵电机电流 8 个关键掘进参数用于断层超前感知。

为减小相关性大的掘进参数造成的数据重复干扰，提高感知准确率，本文采用皮尔逊相关系数对上述 8 个参数进行两两相关性分析。如图 5.1 所示，刀盘扭矩与推进泵电机电流相关性为 0.84，两个掘进参数间存在强相关，因而剔除了推进泵电机电流，仅保留 7 个掘进参数。除刀盘扭矩与推进泵电机电流外，其余掘进参数之间的相关性均小于 0.4，不存在强相关。因此，最终确定刀盘扭矩、顶护盾压力、左护盾压力、右护盾压力、前盾俯仰角、前盾滚动角、齿轮密封外密封压力 7 个参数用于断层超前感知。

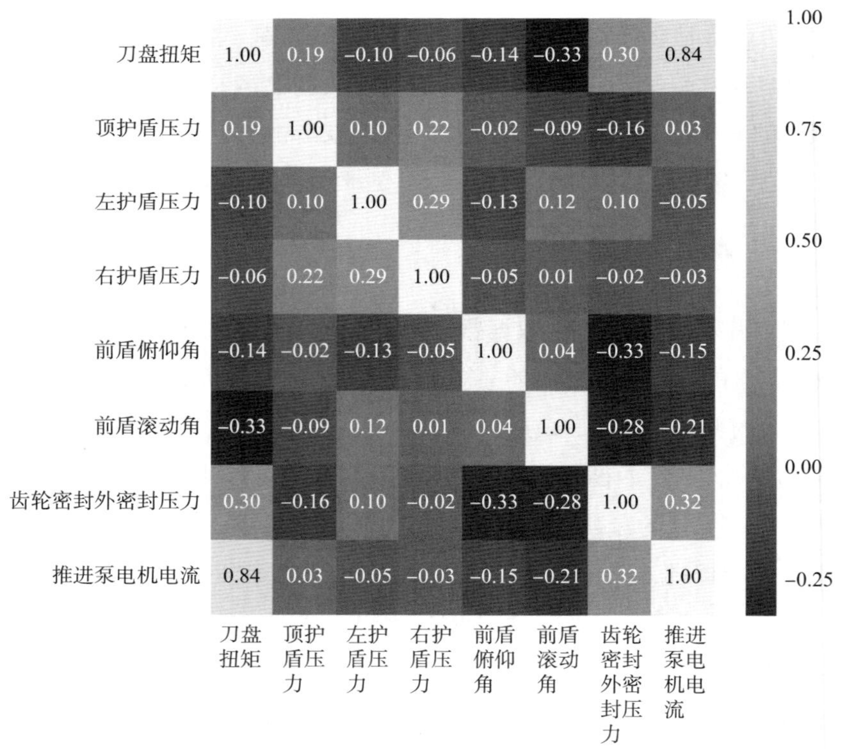

图 5.1 特征相关性分析

5.2.3 断层附近TBM掘进参数变化特征

为了探究TBM掘进参数在断层附近的数据变化规律，本文对断层前及断层中掘进参数进行分析。研究表明，断层破碎带会导致围岩稳定性降低。因此，TBM进入断层前和TBM进入断层后的掘进参数会发生差异性变化。研究表明隧道穿越断层时存在应力变化情况，即在断层附近存在应力集中现象[201]。当隧道穿越断层破碎带时，隧道两侧的拱脚会出现横向应力集中现象。这些应力指向隧道内侧，导致隧道的拱脚向内侧发生挤压，从而产生向内的收敛效应。此外，隧道的底板和拱顶也会出现竖向应力集中现象。这些应力同样指向隧道内侧，使隧道的拱顶发生向下的变形，底板则出现隆起现象[202]，这些应力变化会对TBM护盾产生影响。基于上述依据和断层附近岩体力学性质的变化，本文试图建立掘进参数变化与断层的关系。

TBM掘进参数中刀盘扭矩通常被作为判识掌子面前方岩石完整性程度的一个重要参数，而护盾压力也对地层岩性或地应力变化有所响应，因此本文以刀盘扭矩及顶护盾压力为例，阐述断层附近TBM掘进参数变化规律及分段特征。如图5.2（a）所示，当TBM掘进到断层前时，刀盘扭矩会出现大幅增长，在掘进到断层时，刀盘扭矩会大幅下降。如图5.2（b）所示，顶护盾压力同样有规律可循，即TBM越靠近断层，顶护盾压力数值越大。其主要原因在于断层破碎带及两侧岩体的物理性质会发生变化。另外，随着TBM向前掘进，掌子面对掘进区域围岩的支撑效应变弱，围岩收敛变形增大[192]。

根据TBM掘进参数的数据变化进行断层超前感知（预警）区域的有效划分，是实现断层超前感知的关键前提。如图5.2所示，刀盘扭矩与顶护盾压力相比具有更早的前兆特征，因而可在确定断层区域之前将刀盘扭矩增长段划分为预警区域。这是因为在相对围岩较破碎时刀盘的扭矩力有明显变化，而护盾压力则是操作人员依据地质条件进行人为干预，围岩收敛导致护盾压力增加的现象较为缓慢。

至于其他掘进参数，如前盾俯仰角、左护盾压力和右护盾压力等，数据变化规律明显晚于刀盘扭矩，而前盾滚动角的数据变化规律不够明显。齿轮密封外密封压力则是在断层前存在下降趋势，在断层内有上升趋势。通过对比多个断层附近的齿轮密封外密封压力和刀盘扭矩的数据变化规律，可以确定刀盘

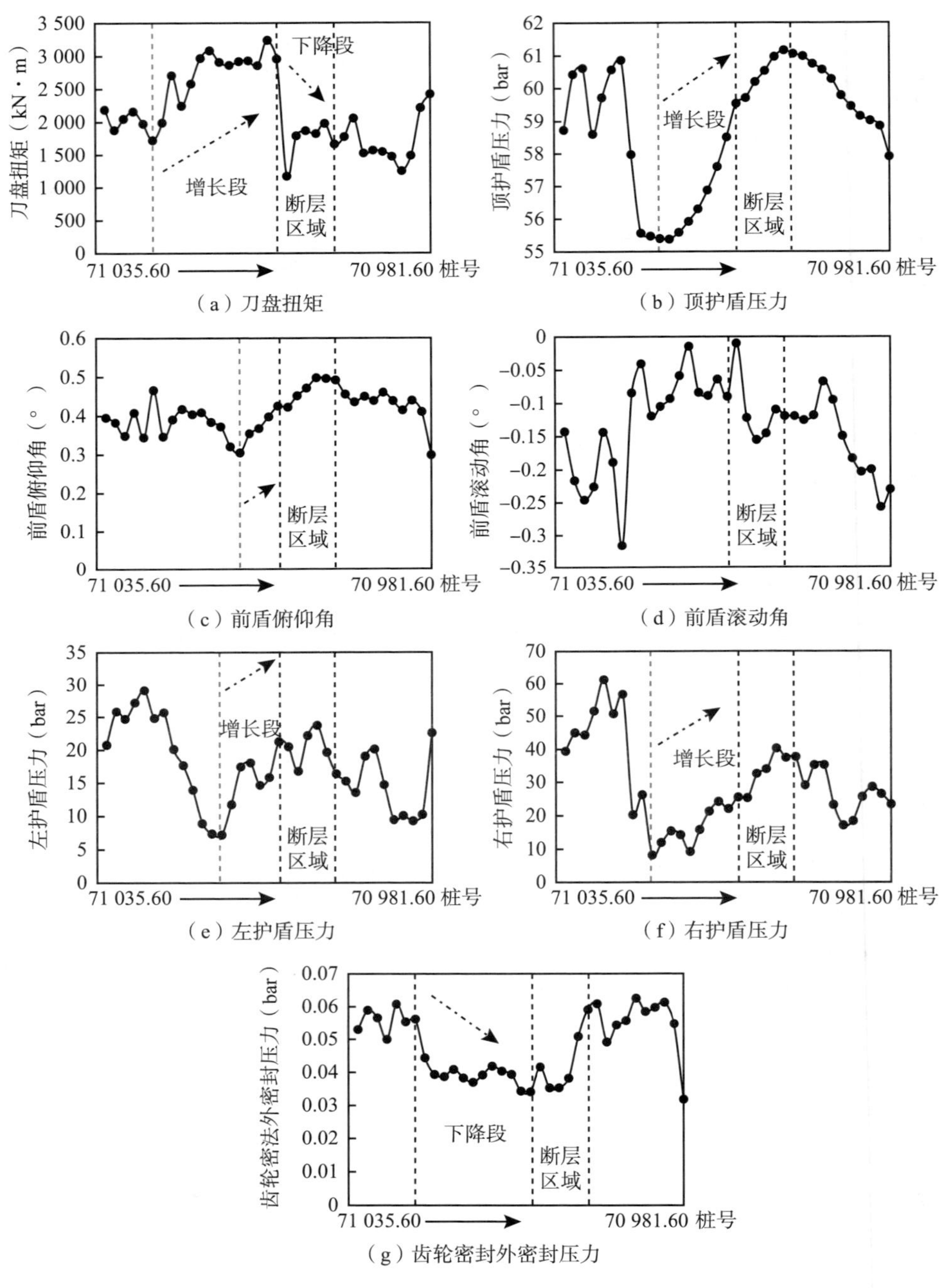

（a）刀盘扭矩

（b）顶护盾压力

（c）前盾俯仰角

（d）前盾滚动角

（e）左护盾压力

（f）右护盾压力

（g）齿轮密封外密封压力

图 5.2　某断层掘进参数变化

扭矩在断层前的前兆规律更早。综上所述，本文将选定的 7 个掘进参数中的刀盘扭矩在断层附近区域的变化规律作为平稳段、预警段和断层段的划分依据。

5.2.4 断层附近区域区段划分

根据 TBM 掘进掌子面与断层的距离，可将断层附近区段划分为平稳段、预警段和断层段（见图 5.3）。其中，平稳段是正常掘进段，即前方断层影响范围之外的掘进区段，在该段掘进过程中，TBM 机器参数对断层无响应。预警段是指前方断层影响范围之内到断层所在位置之前的掘进区段，该段掘进过程中 TBM 机器参数会出现一定响应。断层段是指断层所在位置的掘进区段。

进一步，通过统计断层附近掘进循环数发现，预警段通常出现在断层前 118 个掘进循环范围内，因而可确定图 5.3 所示断层附近平稳段、预警段、断层段 3 个区段的划分界限。

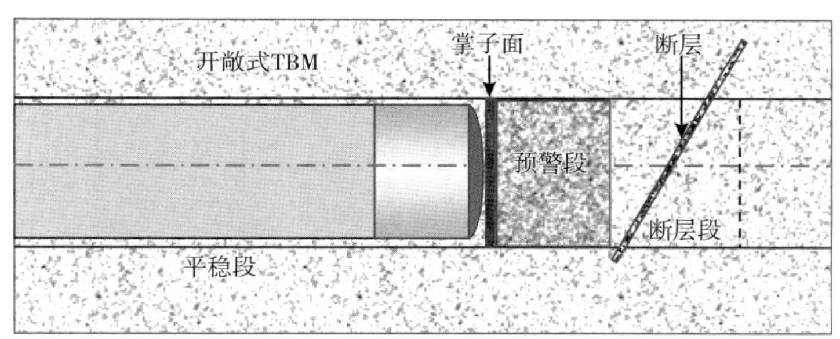

图 5.3 断层附近区段划分及超前感知示意

5.2.5 断层感知特征不同区段统计

基于刀盘扭矩变化规律将断层附近区域划分为平稳段、预警段和断层段。本文统计了上述 7 个掘进参数在平稳段、预警段和断层段的数据分布，如图 5.4 所示。

通过对比不同区段下掘进参数的数据分布，可以发现 7 个掘进参数在平稳段、预警段和断层段中的数据规律并不明显，因此有必要建立机器学习模型实现断层感知。

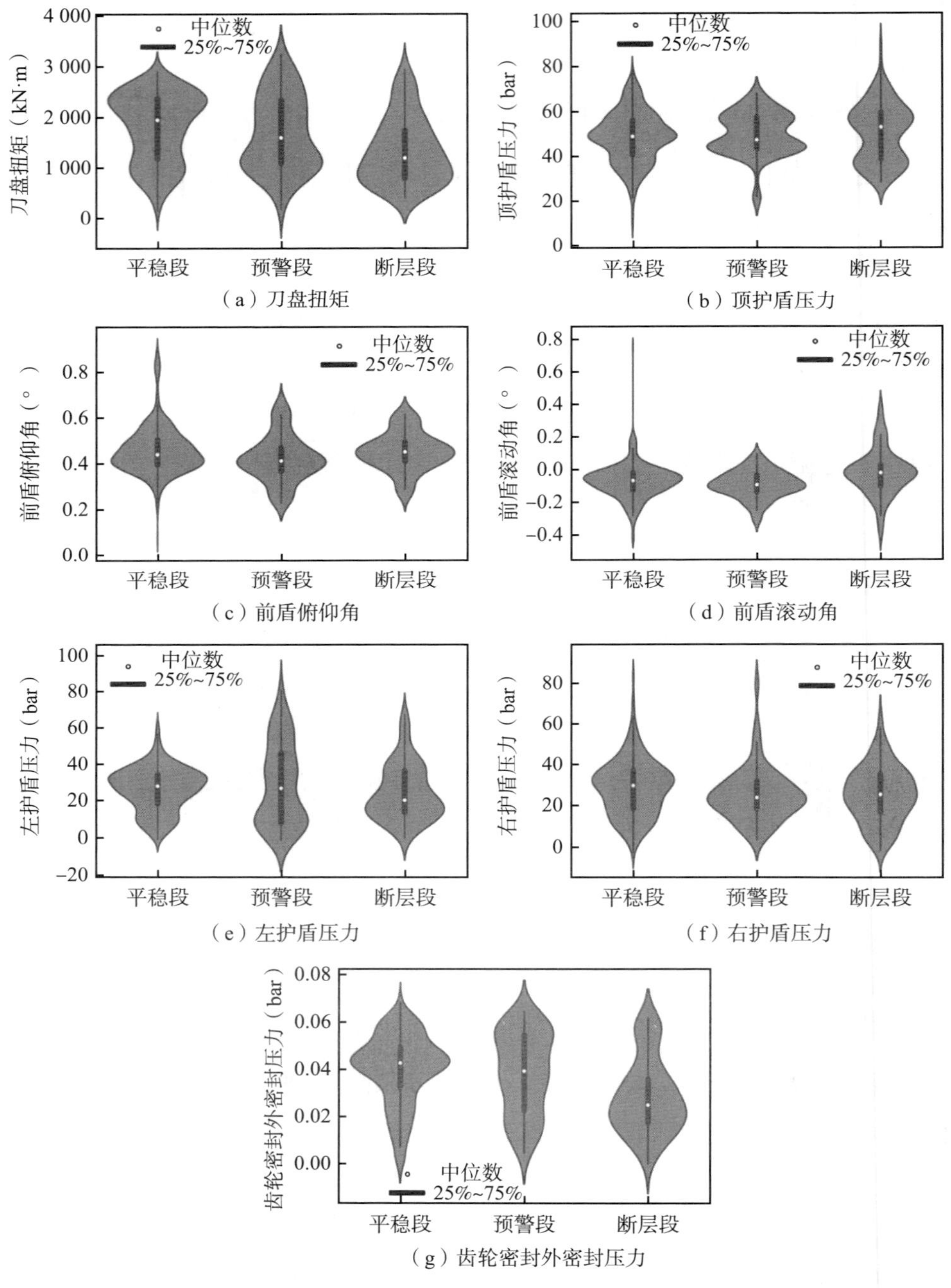

（a）刀盘扭矩
（b）顶护盾压力
（c）前盾俯仰角
（d）前盾滚动角
（e）左护盾压力
（f）右护盾压力
（g）齿轮密封外密封压力

图 5.4　断层感知特征统计分析

5.3 断层超前智能感知模型

人工辨识断层的平稳段、预警段、断层段存在反应不及时、主观判断有偶然性等不足，且在数据量大时，往往还存在判断困难等问题，而机器学习方法具备自动学习、处理和感知的优势。因此，有必要借助机器学习方法建立断层超前智能感知模型，利用断层附近区域 TBM 掘进的 7 个关键掘进参数，实现断层附近平稳段、预警段、断层段三个区段的智能感知。

每一种机器学习方法均有自身特点、优势及不足。例如，反向传播神经网络模型具有强大的非线性拟合能力，但其泛化能力需要有足够的样本才能得到保障，这在实际工程中往往难以满足；随机森林能够较好地表述所研究对象的随机性，且能够提取出所感知对象的各种特征并进行重要性排序，但其泛化能力也存在一定局限性；支持向量机模型具有良好的分类能力，但在特征识别上存在局限性。因此，本文采用加权集成投票模型，发挥随机森林模型和支持向量机模型的各自优势，采取优势投票策略，建立断层的感知模型。

5.3.1 支持向量机

支持向量机对高维度、非线性分类问题具有良好的健壮性与泛化能力，其机理是寻找一个满足分类要求的最优分类超平面（见图 5.5），在保证感知目标分类精度的同时，使平面两侧距平面最近的两类样本之间的距离最大化[203]。

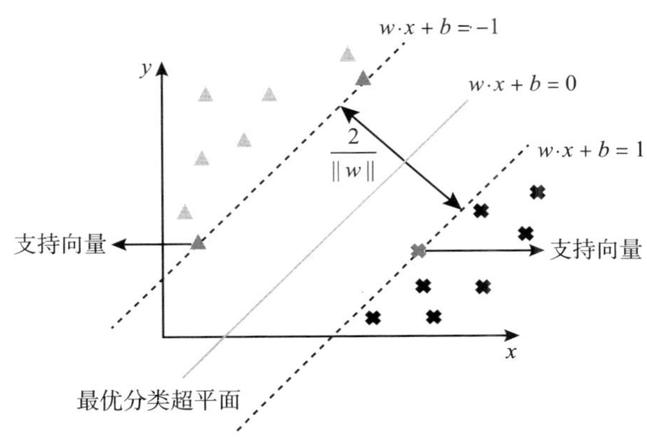

图 5.5 支持向量机模型

以两分类数据为例，训练样本集为 (x_i, y_i) $(i=1,\ 2,\ \cdots,\ n)$ ，$x \in \boldsymbol{R}^n$ ，$y \in \{\pm 1\}$ ，线性判别函数 $g(x) = \boldsymbol{w} \cdot x + b$ ，可利用超平面：

$$\boldsymbol{w} \cdot x + b = 0 \tag{式 5.1}$$

式 5.1 中，$\boldsymbol{w}$ 为权向量，b 为分类阈值。为使所有样本被正确分类，需满足如下约束条件：

$$y_i(w \cdot x + b) \geqslant 1,\ i = 1,\ 2,\ \cdots,\ n \tag{式 5.2}$$

当满足如上约束条件后可获得最优分类面，其中分类间隔为 $2/\|w\|$ 。因此，最优分类面问题可被表示在如下约束条件下：

$$\min \varphi(w) = \frac{1}{2}\|w\|^2 = \frac{1}{2}(w \cdot w) \tag{式 5.3}$$

最优分类函数可被表示为：

$$f(x) = \operatorname{sgn}(w \cdot x + b) = \operatorname{sgn}(\sum_{i=1}^{n} l_i y_i (x_i \cdot x) + b), x \in \boldsymbol{R}^n \tag{式 5.4}$$

式 5.4 中，l_i 为拉格朗日因子。

松弛变量可以用于约束条件下线性不可分的情况，通过在目标函数中引入惩罚函数来进一步求解最优分类超平面问题，公式如下：

$$\min \varphi(w, \zeta) = \frac{1}{2}(w \cdot w) + C(\sum_{i=1}^{n} \zeta_i) \tag{式 5.5}$$

式 5.5 中，ζ 为松弛变量；C 为惩罚因子，控制着模型的泛化能力。

对于线性不可分的问题，支持向量机常引入核函数 $H(x_i, x)$ ，将输入映射到一个高维特征向量空间，判别函数如下：

$$f(x) = \operatorname{sgn}(\sum_{i=1}^{n} l_i y_i H(x_i, x) + b) \tag{式 5.6}$$

径向基核函数在非线性分类中表现出了较好的分类性能，公式如下：

$$H(x_i, x_j) = \exp(-g\|x_i - x_j\|^2),\ g > 0 \tag{式 5.7}$$

式 5.7 中，g 影响着径向基核函数在分类中的效果。

由此不难看出，惩罚参数 C 与核函数参数 g 是影响支持向量机分类性能的关键参数。

5.3.2 随机森林

在所构建的加权集成投票断层感知模型中，一个基分类器考虑了支持向量机，另一个基分类器考虑了随机森林。本书 3.2.2.1 节中已经介绍了随机森林模型，在此不再赘述。随机森林是由多个决策树组成的集成算法，其平稳段、预警段和断层段的感知结果是基于多个决策树投票输出的，如图 5.6 所示。

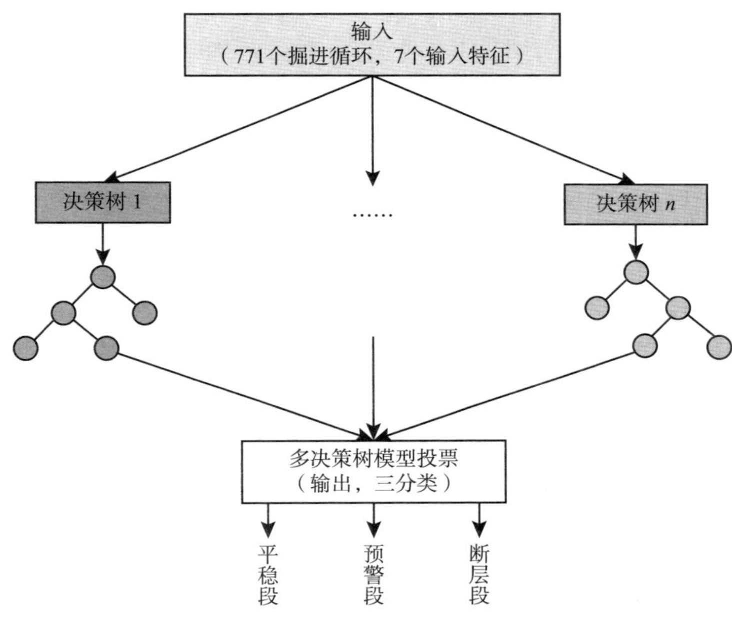

图 5.6 随机森林断层感知模型

5.3.3 超参数优化

为了优化断层感知模型，本文基于网格搜索算法来优化模型性能。网格搜索算法被广泛应用于机器学习模型的超参数优化。最优超参数组合下的模型感知断层的精度有明显提高，因此有必要优化机器学习模型的超参数。

网格搜索算法又被称为“穷举法”，其将超参数排列组合，并将各个超参数按照一定的间距形成网格中的点，然后搜索网格中的每一个交点，找出对应目标函数的最优值，从而得到最优超参数组合[204]。该方法较好地避免了因超参数之间耦合导致的多解性问题，防止模型陷入局部最优。

为获取模型的最优超参数，本文通过 10 折交叉验证与网格搜索法对随机森林、支持向量机进行超参数优化，并用 F_1- 宏平均（见式 5.8）评估模型性能。同时，以召回率、F_1- 分数评估模型在测试集中的感知性能。

$$Macro\_F=\frac{1}{n}\sum_{i}^{n}F_i \tag{式 5.8}$$

这里需要对随机森林算法的决策树数量、决策树最大深度、叶节点上的最小样本、节点可分的最小样本数 4 个超参数进行优化。支持向量机采用了径向基核函数，对惩罚参数与核函数参数进行优化，超参数优化结果如图 5.7 所

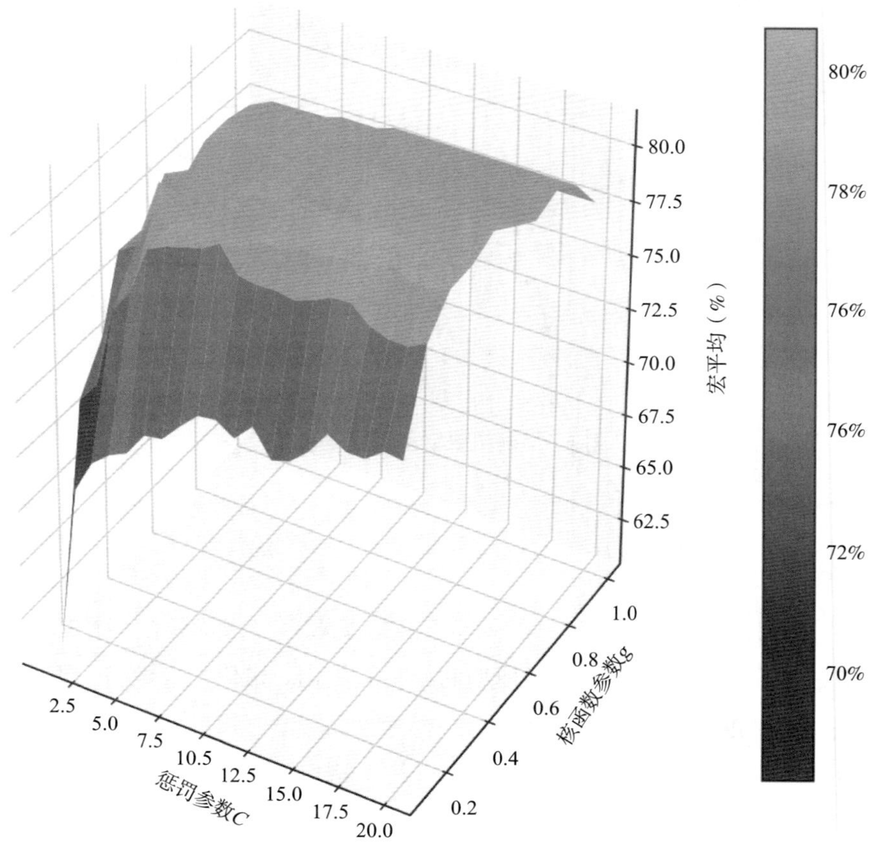

图 5.7　支持向量机断层感知模型超参数优化结果

示。各超参数取值范围和所得的最优参数如表 5.2 所示。

表 5.2 超参数搜索范围和最优值

分类器	参数	取值范围	取值间距	最优值
随机森林	决策树数量	100~700	50	275
	决策树最大深度	1~20	1	19
	叶节点上的最小样本	1~5	1	1
	节点可分的最小样本数	2~5	1	2
支持向量机	核函数	径向基	~	径向基
	惩罚系数 C	1~20	1	15
	核函数参数 g	0.1~1	0.1	0.5

5.3.4 加权集成投票模型

加权集成投票模型确定随机森林、支持向量机的超参数优化后，将二者作为基分类器，构建加权集成投票模型。加权集成投票分类模型中，每个基分类器有不同的权值，这里随机森林、支持向量机的权重分别为 w_1、w_2，权值乘以每个基分类器感知三个类别的概率值，从而形成一个矩阵，我们记为 CM（见式 5.9）。最终，平均概率最高的类别作为最终输出结果，结果记为 res（见式 5.10）。

$$CM = \begin{bmatrix} w_1 & w_2 \end{bmatrix} \begin{bmatrix} r_1 & r_2 & r_3 \\ s_1 & s_2 & s_3 \end{bmatrix} \qquad \text{（式 5.9）}$$

式中，r_1、r_2、r_3 分别为随机森林中三类别感知概率，s_1、s_2、s_3 分别为支持向量机中三类别感知概率，其中 $r_1 + r_2 + r_3 = 1$ 。

$$res = \max \begin{bmatrix} w_1 \times r_1 + w_2 \times s_1 \\ w_1 \times r_2 + w_2 \times s_2 \\ w_1 \times r_3 + w_2 \times s_3 \end{bmatrix} \qquad \text{（式 5.10）}$$

本文所建立的断层智能感知模型实施流程如图 5.8 所示。通过对两个基分类器权值进行优化，确定 w_1、w_2 的权值分别为 0.1、0.9。

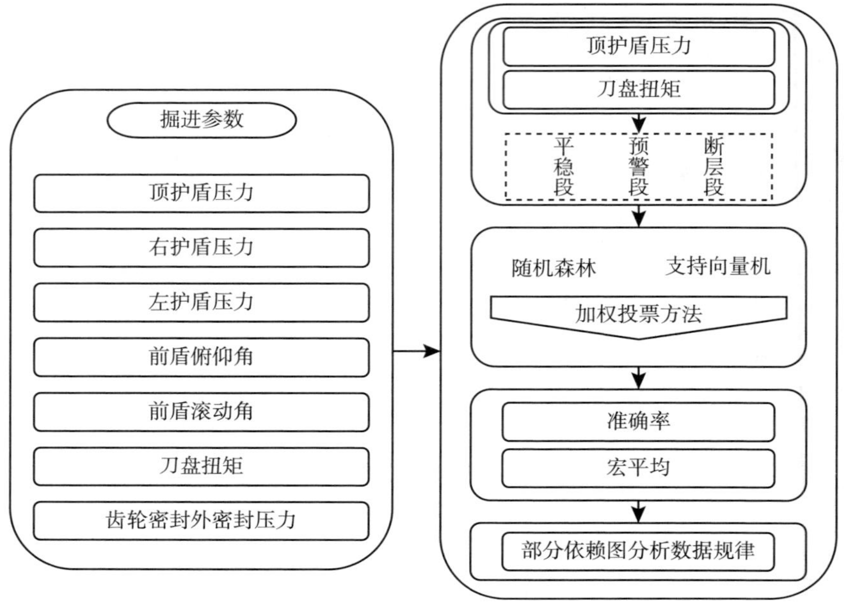

图 5.8　断层智能感知模型实施流程

5.4　断层感知结果与讨论

5.4.1　断层感知结果

本文对比了 3 种模型感知平稳段、预警段和断层段的性能，随机森林、支持向量机和加权集成投票分类模型在训练集中的感知结果如图 5.9 所示。图 5.9 中的数字含义与 3 阶混淆方阵中各元素含义相同。由图 5.9 可知，超参数最优的 3 种模型成功建立了 7 个 TBM 掘进参数与断层之间的非线性关系。

为检验 3 种模型在平稳段、预警段、断层段的分类性能及泛化能力，本文用测试集对 3 种模型进行了测试。

表 5.3 分别统计了 3 种模型在平稳段、预警段、断层段中的召回率和 F_1– 分数。由表 5.3 可知，3 种模型中，平稳段的感知召回率、F_1– 分数最高，这表明平稳段相较于其他两个类别，有较好的区分性。预警段中召回率最高仅为 75.68%，F_1– 分数最高为 77.78%，其原因可能是平稳段与预警段存在数据上的交叉。断层段中召回率最高为 82.61%，F_1– 分数最高为 74.51%，感知结果较

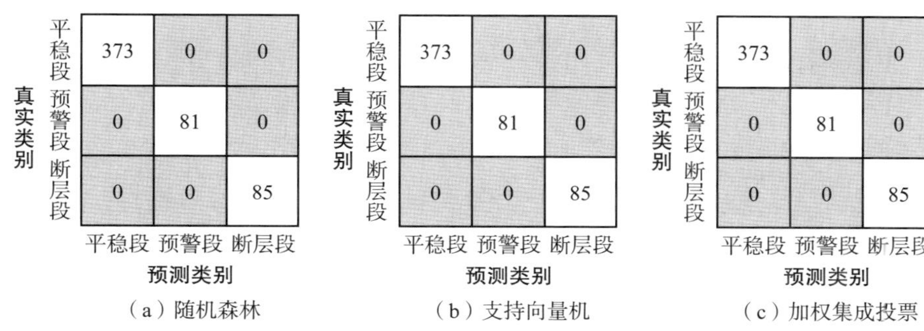

（a）随机森林 （b）支持向量机 （c）加权集成投票

图 5.9 不同模型在训练集上的感知结果矩阵

表 5.3 不同感知模型的性能指标

分类器	类别	召回率	F_1– 分数
随机森林	平稳段	0.912 8	0.894 6
	预警段	0.567 6	0.666 7
	断层段	0.695 7	0.640 0
支持向量机	平稳段	0.924 4	0.938 1
	预警段	0.756 8	0.767 1
	断层段	0.826 1	0.730 8
加权集成投票	平稳段	0.930 2	0.938 4
	预警段	0.756 8	0.777 8
	断层段	0.826 1	0.745 1

差可能是因为不同断层下，其宽度、产状、充填物对 TBM 施工影响程度不同，导致部分断层中的掘进参数区别较小。同时，断层数据集中三类别的不均衡，也是造成预警段与断层段感知结果较差的原因。

对比 3 种模型在测试集中的感知结果可知：建立在统计学理论和结构风险最小原理基础上的支持向量机，比随机森林在超前感知断层中具有更好的稳定性。加权集成投票模型充分利用了基分类器之间的差异性和互补性，其感知性能优于基分类器。3 种模型在测试集中的感知结果如图 5.10 所示。

本文采用 5 折交叉验证方法，利用宏平均及准确率，对加权集成投票模

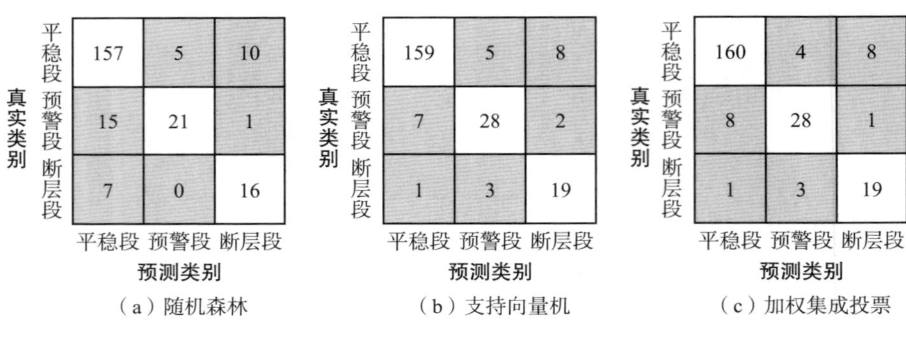

（a）随机森林　（b）支持向量机　（c）加权集成投票

图 5.10　不同模型在测试集上的感知结果矩阵

型的感知性能，以及其在训练集中的稳定性进行了进一步检验，结果如表 5.4 所示。

表 5.4　不同感知模型总体评价结果

模型	宏平均	准确率
随机森林	0.753 1	0.855 2
支持向量机	0.802 8	0.877 5
加权集成投票	0.811 3	0.883 1

由表 5.4 可知，加权集成投票模型的宏平均和准确率分别为 0.811 3 和 0.883 1，高于随机森林和支持向量机模型的感知结果。这表明，加权集成投票模型的性能要优于单一的随机森林和支持向量机模型，也说明随机划分数据集对加权集成投票模型的影响小于单一的随机森林和支持向量机模型。这说明加权集成投票模型断层超前感知的性能更好。为此，下面将重点分析 7 个掘进参数对加权集成投票模型性能的影响。

5.4.2　断层感知特征敏感性分析

为探究选用的输入特征在感知断层中的重要性，本文分析了输入特征在模型中的敏感度。本文所建立的断层超前感知模型，优选了 7 个掘进参数作为输入特征，分别是齿轮密封外密封压力、左护盾压力、右护盾压力、顶护盾压力、刀盘扭矩、前盾俯仰角、前盾滚动角。实际上，这 7 个掘进参数对断层的感知贡献有所差异。敏感度算法流程如图 5.11 所示，可分为 4 个步骤[205]。

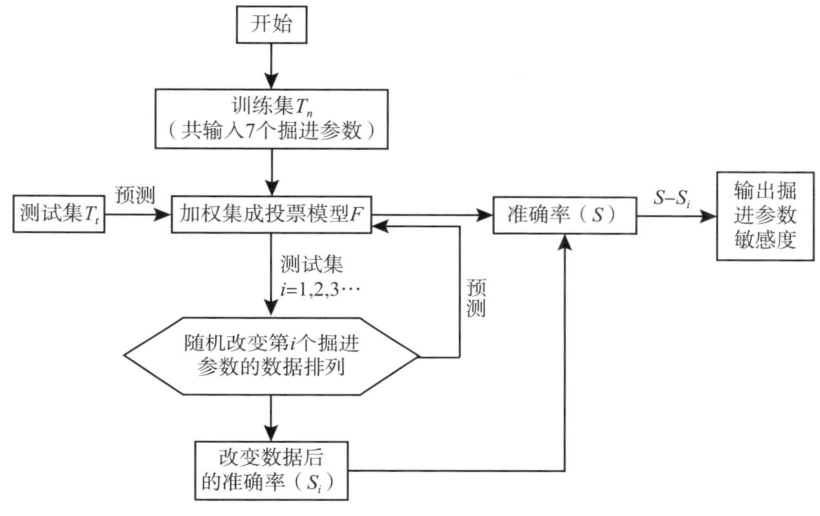

图 5.11　断层特征贡献度计算流程

①将断层数据集划分为训练集 T_n 和 T_t，利用两个基分类器（随机森林、支持向量机）在训练集 T_n 上对其进行学习，获得两个分类器 f_{rf}、f_{svm}，并通过加权组合形成最终集成投票模型 F。

②通过加权集成投票模型对测试集 T_t 进行感知，获得准确率 S。

③对测试集 T_t 某一列掘进参数的数据进行 5 次随机排列，其他 6 个参数的数据排列保持不动，利用 F 分别重新感知排列后的测试集 $T_{ti}'(i=1,2,\cdots,5)$，获得 5 个准确率 S_i，并得出 5 次 S–S_i 的差值范围，以此作为一个掘进参数敏感度。

④把上一个步骤中打乱的数据复原，换下一个掘进参数并重复步骤（3），直到所有参数的敏感度都计算完成。最终对 7 个掘进参数的敏感度进行排序。

本章分析了 7 个掘进参数在加权集成投票模型感知断层时的敏感度，结果如图 5.12 所示。由图 5.12 可知，7 个掘进参数的敏感度均高于 0.06，说明这些掘进参数能够反映平稳段、预警段、断层段的特征，可作为断层超前感知的关键参数。

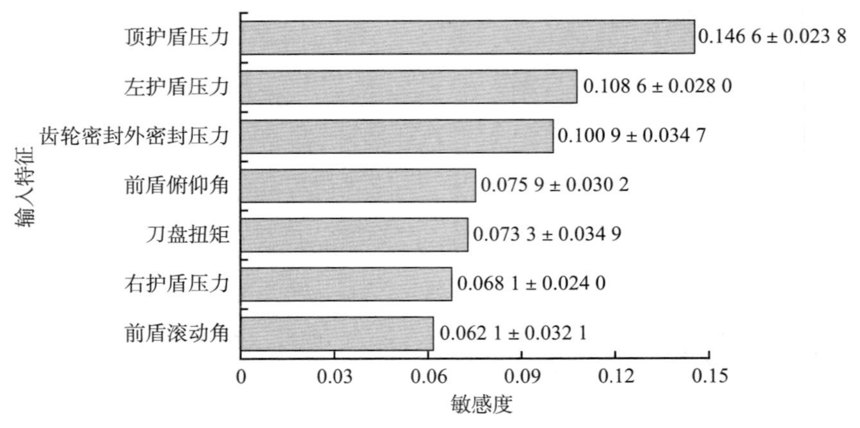

图 5.12　加权集成投票模型输入特征敏感度排名

5.4.3　不同区段中断层感知特征规律

分析掘进参数在平稳段、预警段、断层段 3 个区段中的感知概率有助于发现掘进参数在模型中的变化规律。部分依赖图[206]显示了掘进参数对先前拟合模型感知结果的边际效应，可以很好地表示掘进参数在 3 个感知类别中的相关关系。本文发现顶护盾压力、左护盾压力、齿轮密封外密封压力、前盾俯仰角、刀盘扭矩 5 个掘进参数除了具有较高的敏感度，还在 3 个类别中具有较明显的响应规律，如图 5.13 所示。

由图 5.13（a）可知，当顶护盾压力达到 40 bar 后，模型在预警段与断层段的感知概率增大；由图 5.13（b）可知，左护盾压力达到 30 bar 后，模型在预警段与断层段的感知概率增大；由图 5.13（c）可知，齿轮密封外密封压力数值在 0~0.025 bar 时，模型在预警段与断层段的感知概率较大，大于 0.025 bar 时，模型在平稳段的感知概率显著提高；由图 5.13（d）可知，前盾俯仰角数值大于 0.35° 时，模型在平稳段中的感知概率明显增加；由图 5.13（e）可知，随着刀盘扭矩数值的增大，特别是当刀盘扭矩增长到超过 2 500 kN · m 后，模型在预警段的感知概率增大。这表明顶护盾压力、左护盾压力、齿轮密封外密封压力等 5 个关键交互参数的数值也可作为断层超前感知的依据。

本文基于断层附近岩体物理力学性质的变化，以及 TBM 掘进参数发生的响应，依托吉林某 TBM 工程分析并建立了以随机森林和支持向量机为基分类

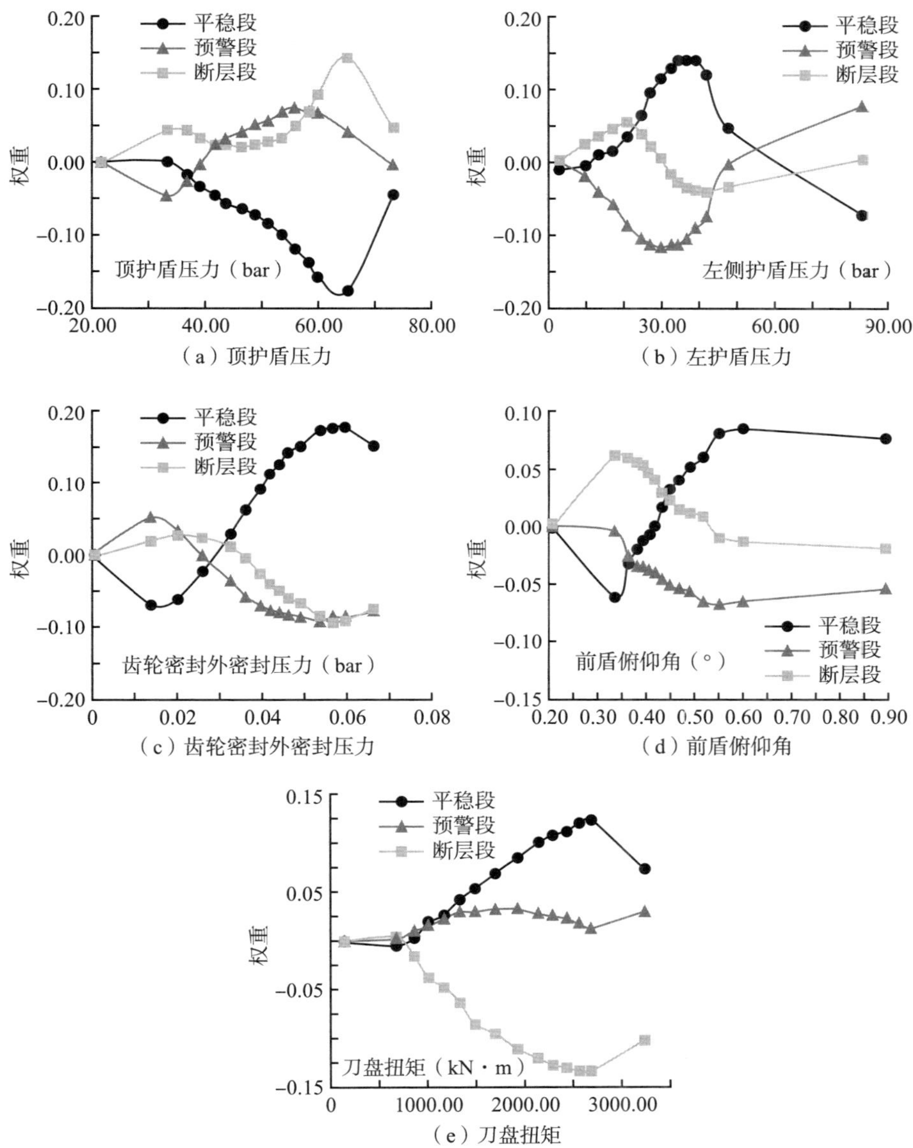

图 5.13 不同掘进参数对加权集成投票模型感知结果的影响

器的断层超前感知加权集成投票模型，并对断层附近区段开展了感知和评价，主要得到如下结论。

① TBM 掘进参数在断层附近出现了不同程度的响应，如刀盘扭矩和顶护

盾压力等在临近断层前数值升高，而在断层处刀盘扭矩等参数则出现快速下降，可据此将断层区域划分为平稳段、预警段和断层段。

②针对断层数据集规模较小，模型无法得到充分训练，从而导致感知结果不理想的问题，本文基于加权集成投票方法建立了断层超前感知模型，可以有效实现断层的平稳段、预警段和断层段三阶段超前感知，模型在测试集中的感知准确率达到 89.22%，模型性能比随机森林和支持向量机等单一模型更好。

③在加权集成投票模型中，不同输入特征具有不同的贡献权重，贡献权重大小依次为顶护盾压力、左侧护盾压力、齿轮密封外密封压力、前盾俯仰角、刀盘扭矩、右侧护盾压力、前盾滚动角。

④本文通过部分依赖图得到了输入特征在平稳段、预警段和断层段中的相关性，顶护盾压力、左侧护盾压力与刀盘扭矩等 5 个关键参数的数值区间范围也可作为断层超前感知的辅助依据。

本文仅基于吉林某 TBM 工程建立了 TBM 掘进参数与断层的关系，并通过测试集对所建立的模型性能进行了评估。由于未收集到其他工程所涉及的断层施工记录与数据，因此无法对断层感知模型进行泛化能力检验。目前，关于断层类型、断层宽度、断层倾角和距离断层距离等对断层预测的影响，还无法给出具体的定量解释，本研究是基于机器学习结合 TBM 掘进参数进行断层预测的初探，仍存在较大不足。今后，收集更多的 TBM 施工数据及断层案例是提高断层预测精度的重要手段。从目前的研究来看，断层预警时应重点关注护盾压力及刀盘扭矩的变化，特别是顶护盾压力。整体而言，目前所开展的断层预测工作是极其有限的，除建立完备的断层数据集提高预测准确率外，结合钻探法和物探法等其他方法是保证 TBM 安全穿越断层的重要手段。

在感知了常规地层（岩性和围岩等级）和不良地质（断层）后，接下来，本文将开展隧道 TBM 掘进参数定量化实时预测。

6 推进力预测的改进的双隐含层极限学习机模型

TBM 掘进过程中掘进参数设定是关键施工环节，基于历史施工大数据实现准确的掘进参数预测在很大程度上可以降低操作人员的劳动强度。本文将基于历史施工大数据，利用人工智能技术，探究预测掘进参数的可行性。TBM 掘进时，刀盘转速、推进速度、刀盘扭矩和总推进力是 4 个重要掘进参数。掘进过程中，刀盘转速和推进速度是依据地质条件动态设定的，而刀盘扭矩和总推进力是被动参数，其反映了地质适应性。

在面对极端多场耦合环境及复杂的地质条件时，软硬不均匀的岩体易导致 TBM 总推进力数值变大，以及刀盘剧烈振动，致使刀具磨损严重，甚至出现意外停机等问题[207-209]。总推进力还与设备自身结构中其他部件存在内在联系[90]。因此，准确评估总推进力是保障 TBM 安全高效掘进的关键。在 TBM 与围岩相互作用中，施工效率和成本取决于滚刀承载载荷和破碎效率。但准确的推进速度设定是滚刀承载载荷和破岩效率的前提和关键。尤其在高磨蚀性硬岩地层，滚刀极易出现异常磨损，从而降低 TBM 施工进度[210]。为了提高操作人员设定推进速度的效率，实现推进速度动态调整，多步实时动态预测推进速度是很有必要的。尽管现有大部分研究可以提供推进速度的建议值（掘进循环的稳定段），但动态调整过程并未给出。推进速度的设定是要基于当前掌子面前方的地质条件不断做出适应性改变的。

在掘进硬岩等坚硬地层的隧道工程中，TBM 需要足够的推进力才能突破和穿越岩石。此时，如果总推进力不足，可能会导致隧道掘进受阻或停滞，影响工程进度。因此，本文以总推进力为例进行预测研究。总推进力与刀盘扭矩的皮尔逊相关性高达 0.87，因此研究中建立的总推进力模型可以拓展到刀盘扭矩预测模型中。相较于刀盘转速，推进速度设定过程较为复杂，因此本文以推进速度为例进行预测研究。刀盘转速和推进速度是同时进行调控的，所以研究中建立的推进速度模型可以拓展到刀盘转速预测中。通常而言，推进速度是随着时间动态设定的，因此本文考虑了多步实时预测。

刀盘转速和推进速度达到稳定后，在地质条件不会发生较大变化时，总推进力也趋于稳定。掘进循环稳定段的总推进力整体变化较小，因此总推进力在稳定段的均值能够整体反映当前整个掘进循环的趋势。本节基于文献和数据分析确定了影响总推进力预测的关键输入特征。考虑到总推进力的标准差较大，本文提出了一种混合模型来提升总推进力模型性能，并对比了在总推进力预测中的经典机器学习方法。尽管大部分研究是将上升段 30s 数据作为输入预测总推进力，但上升段不同时序长度对总推进力的预测结果并不清楚。本文还在不同地质条件下分析了模型预测总推进力的适应性。同时，本文基于新工程的 TBM 施工数据验证模型的适用性，并探讨基于已开挖的吉林某 TBM 工程所建立的模型能否用于新工程的总推进力预测。

6.1 总推进力预测模型

极限学习机（ELM）具有神经网络的特点，可通过激活函数实现非线性表达，又能随机生成输入权值和偏置，且不需要反向传播更新参数，因此可用来快速预测总推进力。但传统的极限学习机性能有限，因此这里使用双隐含层极限学习机，即基于两层隐含层来增强预测性能。为了解决总推进力数据波动大导致预测难的问题，本文参考不同激活函数可以提高模型性能的思路，提出了改进的双隐含层极限学习机。考虑到随机生成的权值和偏置具有随机性，可能造成模型性能不稳定，本文基于最小化误差的策略利用优化算法不断更新权值和偏置以提高总推进力预测性能。考虑到本节将探究上升段不同时序长度对总推进力预测的影响，深度学习模型复杂的超参数优化与训练时间成本，以及对计算机性能的高要求，使其不适用于探究此问题。

6.1.1 极限学习机

极限学习机是一种单隐含层前馈网络，其在输入层和隐含层之间具有随机的权值和偏置[211]。极限学习机因其容易实现、训练速度快、人机交互少等特点被广泛应用于各个领域。

给定一个具有 N 个样本的数据集 $(\boldsymbol{i}_p,\boldsymbol{o}_p)(p=1,2,\cdots,N)$，有一个输入矩阵 $\boldsymbol{I}=\left[\boldsymbol{i}_1,\boldsymbol{i}_2,\cdots,\boldsymbol{i}_N\right]^{\mathrm{T}}\in\mathbf{R}^{N\times n}$ 和一个输出矩阵 $\boldsymbol{O}=[\boldsymbol{o}_1,\boldsymbol{o}_2,\cdots,\boldsymbol{o}_N]^{\mathrm{T}}\in\mathbf{R}^{N\times m}$，其中 $\boldsymbol{i}_p=\left[i_{p1},i_{p2},\ldots,i_{pn}\right]^{\mathrm{T}}\in\mathbf{R}^{n}$，$\boldsymbol{o}_p=\left[o_{p1},o_{p2},\cdots,o_{pm}\right]^{\mathrm{T}}\in\mathbf{R}^{m}$，$n$ 和 m 分别代表输入和输出的维度。首先，极限学习机随机地分配连接隐含层和输入层的偏置矩阵 $\boldsymbol{D}=\left[d_1,d_2,\cdots,d_q\right]\in\mathbf{R}^{N\times L}$ 和权重矩阵 $\boldsymbol{E}=\left[\boldsymbol{E}_1,\boldsymbol{E}_2,\cdots,\boldsymbol{E}_q\right]\in\mathbf{R}^{n\times L}$，其中，$L$ 代表具有激活函数 h（x）的隐含神经元的数量，$\boldsymbol{E}_q=\left[E_{q1},E_{q2},\cdots,E_{qn}\right]^{\mathrm{T}}\in\mathbf{R}^{n}$ 是连接 n 个输入神经元和第 q 个隐含神经元的向量。通过下列公式可以计算隐含层的输出矩阵 $\boldsymbol{M}$。

$$\boldsymbol{M}=h\left(\boldsymbol{IE}+\boldsymbol{D}\right) \qquad \text{（式 6.1）}$$

输出矩阵 $\boldsymbol{O}$ 可以通过下列公式计算。

$$\boldsymbol{MF}=\boldsymbol{O} \qquad \text{（式 6.2）}$$

其中，$\boldsymbol{F}=[\boldsymbol{F}_1,\boldsymbol{F}_2,\cdots,\boldsymbol{F}_L]^{\mathrm{T}}\in\mathbf{R}^{L\times m}$ 代表连接输出层和隐含层的输出权重矩阵。

输出权重矩阵 $\boldsymbol{F}$ 可以根据式 6.3 的最小二乘法计算。

$$\boldsymbol{F}=\boldsymbol{M}^{+}\boldsymbol{O} \qquad \text{（式 6.3）}$$

其中，$\boldsymbol{M}^{+}$ 代表矩阵 $\boldsymbol{M}$ 的穆尔－彭罗斯（MP）广义逆矩阵。

如果 $\boldsymbol{M}^{\mathrm{T}}\boldsymbol{M}$ 是非奇异的，那么 $\boldsymbol{M}^{+}=\left(\boldsymbol{M}^{\mathrm{T}}\boldsymbol{M}\right)^{-1}\boldsymbol{M}^{\mathrm{T}}$，在这种情况下，$L$ 是小于或等于 N 的。如果 $\boldsymbol{MM}^{\mathrm{T}}$ 是非奇异的，那么 $\boldsymbol{M}^{+}=\boldsymbol{M}^{\mathrm{T}}\left(\boldsymbol{MM}^{\mathrm{T}}\right)^{-1}$，在这种情况下，$L$ 是大于 N 的。

基于上述讨论，有关机限学习机的表述如表 6.1 所示。

表 6.1　极限学习机

算法 1：ELM	
输入	$h(x)$，激活函数；$\boldsymbol{I}$，具有 N 个样本的输入矩阵；$\boldsymbol{O}$，具有 N 个样本的输出矩阵；L，隐含层神经元的数量
输出	$f(x)=h(\boldsymbol{IE}+\boldsymbol{D})\boldsymbol{F}$
算法	随机初始化权重 $\boldsymbol{E}$ 和偏置 $\boldsymbol{D}$； 计算矩阵 $\boldsymbol{M}=h(\boldsymbol{IE}+\boldsymbol{D})$； 通过式 6.3 计算矩阵 $\boldsymbol{F}$

6.1.2　双隐含层极限学习机

Qu 等人[212]于 2016 年提出了双隐含层极限学习机（Two-hidden-layer Extreme Learning Machine，TELM）。与单隐含层前馈网络不同，TELM 具有 $2L$ 个隐藏神经元（每个隐藏层都有 L 个神经元）。给定具有 N 个样本的数据集 $\left(\boldsymbol{i}_p,\boldsymbol{o}_p\right)\left(p=1,2,\cdots,N\right)$，算法会随机初始化第一个隐含层的偏置 $\boldsymbol{D}_1$ 及连接输入层和第一个隐含层的权重矩阵 $\boldsymbol{E}$。定义增广矩阵 $\boldsymbol{E}_{\mathrm{A}}=\begin{bmatrix}\boldsymbol{D}_1\\\boldsymbol{E}\end{bmatrix}$ 和 $\boldsymbol{I}_{\mathrm{A}}=\begin{bmatrix}\boldsymbol{1} & \boldsymbol{I}\end{bmatrix}$，其中，$\boldsymbol{1}$ 是 N 个元素全为 1 的列向量。第一个隐含层的输出矩阵 $\boldsymbol{M}_1$ 如下。

$$\boldsymbol{M}_1=h\left(\boldsymbol{I}_{\mathrm{A}}\boldsymbol{E}_{\mathrm{A}}\right) \qquad （式 6.4）$$

连接输出层和第二个隐含层的权重矩阵 $\boldsymbol{F}$ 的计算公式如下。

$$\boldsymbol{F}=\boldsymbol{M}_1^{+}\boldsymbol{O} \qquad （式 6.5）$$

第二个隐含层的期望输出矩阵 $\boldsymbol{M}_2'$ 的计算公式如下。

$$\boldsymbol{M}_2'=\boldsymbol{O}\boldsymbol{F}^{+} \qquad （式 6.6）$$

进一步定义增广矩阵 $\boldsymbol{E}_{\mathrm{HA}}=\begin{bmatrix}\boldsymbol{D}_2\\\boldsymbol{E}_{\mathrm{H}}\end{bmatrix}$ 和 $\boldsymbol{M}_{1\mathrm{A}}=\begin{bmatrix}\boldsymbol{1} & \boldsymbol{M}_1\end{bmatrix}$，其中 $\boldsymbol{E}_{\mathrm{H}}$ 代表连接第一个和第二个隐含层的权重矩阵，$\boldsymbol{D}_2$ 代表第二个隐含层的偏置矩阵。期望输出矩阵 $\boldsymbol{M}_2'$ 也可以通过式 6.7 表示。

$$\boldsymbol{M}_2'=h\left(\boldsymbol{M}_1\boldsymbol{E}_{\mathrm{H}}+\boldsymbol{D}_2\right) \qquad （式 6.7）$$

增广矩阵 $\boldsymbol{E}_{\mathrm{HA}}$ 的计算公式为：

$$\boldsymbol{E}_{\mathrm{HA}} = \boldsymbol{M}_{1\mathrm{A}}{}^{+}h^{-1}\left(\boldsymbol{M}_2^{'}\right) \quad （式 6.8）$$

其中，$h^{-1}(x)$ 是激活函数 $h(x)$ 的逆函数，$\boldsymbol{M}_{1\mathrm{A}}{}^{+}$ 代表 $\boldsymbol{M}_{1\mathrm{A}}$ 的 MP 广义逆矩阵。

第二个隐含层的实际输出矩阵 $\boldsymbol{M}_2$ 计算公式如下：

$$\boldsymbol{M}_2 = h(\boldsymbol{M}_{1\mathrm{A}}\boldsymbol{E}_{\mathrm{HA}}) \quad （式 6.9）$$

连接第二个隐含层和输出层的权重矩阵 $\boldsymbol{F}_{\mathrm{new}}$ 计算公式如下：

$$\boldsymbol{F}_{\mathrm{new}} = \boldsymbol{M}_2{}^{+}\boldsymbol{O} \quad （式 6.10）$$

其中 $\boldsymbol{M}_2{}^{+}$ 代表 $\boldsymbol{M}_2$ 的 MP 广义逆矩阵。在经过训练之后，TELM 的输出可以表示为 $f(x) = \boldsymbol{M}_2\boldsymbol{F}_{\mathrm{new}}$。基于上述讨论，有关 TELM 的表述如表 6.2 所示。

表 6.2 双隐含层极限学习机

算法 2：TELM	
输入	$h(x)$，激活函数；$\boldsymbol{I}$，具有 N 个样本的输入矩阵；$\boldsymbol{O}$，具有 N 个样本的输出矩阵；L，每一个隐含层的神经元数量
输出	$f(x)=h\left\{\left[h\left(\boldsymbol{IE}+\boldsymbol{D}_1\right)\boldsymbol{E}_{\mathrm{H}}+\boldsymbol{D}_2\right]\right\}\boldsymbol{F}_{\mathrm{new}}$
算法	随机初始化偏置 $\boldsymbol{D}_1$ 和权重 $\boldsymbol{E}$，定义增广矩阵 $\boldsymbol{E}_{\mathrm{A}}$ 和 $\boldsymbol{I}_{\mathrm{A}}$； 计算矩阵 $\boldsymbol{M}_1=h(\boldsymbol{I}_{\mathrm{A}}\boldsymbol{E}_{\mathrm{A}})$，并且定义增广矩阵 $\boldsymbol{M}_{1\mathrm{A}}$； 计算矩阵 $\boldsymbol{F}=\boldsymbol{M}_1^{+}\boldsymbol{O}$； 计算矩阵 $\boldsymbol{M}_2^{'}=\boldsymbol{OF}^{+}$； 计算增广矩阵 $\boldsymbol{E}_{\mathrm{HA}}=\boldsymbol{M}_{1\mathrm{A}}^{+}h^{-1}(\boldsymbol{M}_2^{'})$； 计算矩阵 $\boldsymbol{M}_2=h(\boldsymbol{M}_{1\mathrm{A}}\boldsymbol{E}_{\mathrm{HA}})$； 计算矩阵 $\boldsymbol{F}_{\mathrm{new}}=\boldsymbol{M}_2^{+}\boldsymbol{O}$

6.1.3 改进的双隐含层极限学习机

极限学习机的输入权值和偏置是在给定范围内随机生成的，因此会有分布不均匀导致模型性能差的问题[213]。一种基于最大熵原理的仿生变换（Affine Transformation，AT）激活函数[213]，实现了隐藏层输出服从均匀分布，提高了模型的健壮性。该仿生变换激活函数是建立在 Sigmoid 激活函数的基础上的，激活函数的公式如下：

$$h_n(x,s,t)=h(sx+t) \quad （式 6.11）$$

隐含层节点网络的输入服从零均值高斯分布，假定 $t=0$，s 可以表示为：

$$s=\frac{1}{\sigma / s_e} \quad （式 6.12）$$

根据参考文献[213]，$s_e=1.67$，则 σ 的计算公式如下：

$$\sigma=\frac{\text{Median}(\text{abs}(\boldsymbol{V}))}{0.6745} \quad （式 6.13）$$

式中，$\boldsymbol{V}=\boldsymbol{I}_{\text{A}}\boldsymbol{E}_{\text{A}}$。

TELM 中两个隐含层的激活函数是相同的。但不同隐含层使用不同的激活函数能改善 TELM 模型的性能[214]，因为组合多种激活函数可强化 TELM 的非线性拟合能力。分类问题中常使用 Sigmoid 激活函数，$h(x)=1/(1+\text{e}^{-x})$。回归问题中常使用双曲正切激活函数，$h(x)=(1-\text{e}^{-x})/(1+\text{e}^{-x})$。考虑到总推进力预测是回归问题，本文提出的模型第一层隐含层的激活函数选用了仿生变换激活函数。为了保证模型的计算稳定性，第二层隐含层使用了双曲正切激活函数。相较于原始的 TELM 模型，新模型的第一层隐含层的激活函数为 AT，即 AT-TELM 模型，模型如图 6.1 所示。

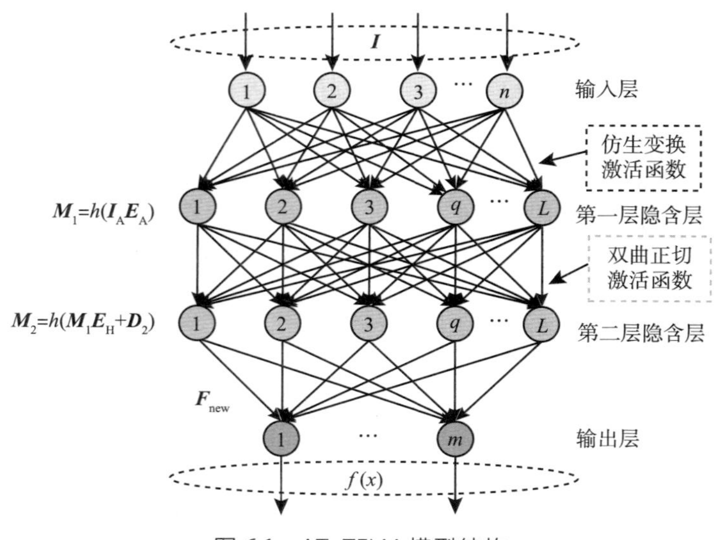

图 6.1　AT-TELM 模型结构

6.1.4 蝠鲼觅食优化算法

极限学习机中输入权值和偏置是随机生成的[215]，仿生变换激活函数虽然能够改善数据分布，但随机生成的输入权值和偏置会导致模型精度不稳定。为了提高模型性能，本文采用蝠鲼觅食优化（Manta Ray Foraging Optimization，MRFO）算法对输入权值和偏置进行优化[216]。优化算法可以得到最小误差下的输入权值和偏置，这个过程通过不断迭代实现。总推进力预测是回归问题，因此使用决定系数（Coefficient of Determination，R^2）、平均绝对误差（Mean Absolute Error，MAE）和均方根误差（Root Mean Square Error，RMSE）作为评价指标。R^2 衡量各个自变量对因变量变动的解释程度，其取值在 0 与 1 之间，其值越接近 1，则变量的解释程度就越高。MAE 是预测值和实测值偏差的绝对值的均值。RMSE 是各数据偏离真实值的距离平方和的平均数的开方。MAE 和 RMSE 的值越小，算法性能越好。为了计算方便，我们将 MAE 作为适应度函数来优化输入权值和偏置。R^2、MAE、和 RMSE 的公式计算如下：

$$R^2 = 1 - \frac{\sum_{i=1}^{n}(y_i - \hat{y}_i)^2}{\sum_{i=1}^{n}(y_i - \overline{y}_i)^2} \tag{式 6.14}$$

$$\text{MAE} = \frac{1}{n}\sum_{i=1}^{n}|(y_i - \hat{y}_i)| \tag{式 6.15}$$

$$\text{RMSE} = \sqrt{\frac{1}{n}\sum_{i=1}^{n}(y_i - \hat{y}_i)^2} \tag{式 6.16}$$

式中，n 为样本数量，y_i 为真实值，$\hat{y}_i$ 为预测值，$\overline{y}_i$ 为真实值的平均值。

MRFO 算法由 Zhao[216] 在 2020 年提出，该算法考虑了链式觅食、螺旋觅食和翻滚觅食 3 个过程，以克服局部最优问题。MRFO 算法有参数较少、搜索能力强、收敛速度快的特点。

链式觅食的位置更新公式为：

$$x_i^d(t+1) = \begin{cases} x_i^d(t) + r\cdot[x_{best}^d(t) - x_i^d(t)] + \alpha\cdot[x_{best}^d(t) - x_i^d(t)] & i = 1 \\ x_i^d(t) + r\cdot[x_{best}^d(t) - x_i^d(t)] + \alpha\cdot[x_{best}^d(t) - x_i^d(t)] & i = 2,\cdots,N \end{cases} \tag{式 6.17}$$

式中，$x_i^d(t)$ 表示第 i 个蝠鲼在 t 次迭代维度为 d 时的位置；r 是取值为［0，1］的随机数；$\alpha = 2\cdot r\cdot\sqrt{|\log(r)|}$，为权重系数；$x_{best}^d(t)$ 为 t 次迭代时在 d 维空间

上的最优位置。

螺旋觅食的位置更新公式为：

当$\frac{t}{T} > rand$时，

$$x_i^d(t+1)=\begin{cases}x_{best}^d(t)+r\cdot[x_{best}^d(t)-x_i^d(t)]+\beta\cdot[x_{best}^d(t)-x_i^d(t)] & i=1\\ x_{best}^d(t)+r\cdot[x_{i-1}^d(t)-x_i^d(t)]+\beta\cdot[x_{best}^d(t)-x_i^d(t)] & i=2,\cdots,N\end{cases} \quad (式 6.18)$$

式中，$\beta=2e^{r_1\frac{T-t+1}{T}}\cdot\sin(2\pi r_1)$，为权重系数；$T$为迭代的最大次数；$r_1$是取值为［0，1］的随机数。

当$\frac{t}{T} \leqslant rand$时，

$$x_i^d(t+1)=\begin{cases}x_{rand}^d(t)+r\cdot[x_{rand}^d(t)-x_i^d(t)]+\beta\cdot[x_{rand}^d(t)-x_i^d(t)] & i=1\\ x_{rand}^d(t)+r\cdot[x_{i-1}^d(t)-x_i^d(t)]+\beta\cdot[x_{rand}^d(t)-x_i^d(t)] & i=2,\cdots,N\end{cases} \quad (式 6.19)$$

式中，$x_{rand}^d(t)=Lb^d+r\cdot(Ub^d-Lb^d)$，为$t$次迭代时搜索空间中随机产生的一个新位置，$Ub^d$，$Lb^d$为搜索区间的上限和下限。

翻滚觅食的位置更新公式为：

$$x_i^d(t+1)=x_i^d(t)+S\cdot[r_2\cdot x_{best}^d(t)-r_3\cdot x_i^d(t)] \quad (式 6.20)$$

式中，S为权重系数，r_2和r_3是取值为［0，1］的随机数。

6.1.5 混合 MRFO-AT-TELM 模型

综合上述方法，本文提出了一种混合的总推进力预测模型 MRFO-AT-TELM，即用 MRFO 算法优化所提出的 AT-TELM 模型的输入权值和偏置。该模型流程如图 6.2 所示。本文通过最小绝对收缩和选择算子（Least Absolute Shrinkage and Selection Operator，Lasso）线性模型、决策树（Decision Tree，DT）、支持向量机（Support Vector Machine，SVM）、ELM 模型、TELM 模型和 AT-TELM 模型对比不同模型的预测性能。为了方便描述，总推进力预测中所使用的模型采用缩写。同时，本文通过讨论特征贡献度、上升段不同时间序列长度对模型性能的影响、优化算法的粒子数量、优化前后 TELM 模型输入权值的数据分布、不同岩性和围岩等级下总推进力的性能等以分析 MRFO-AT-

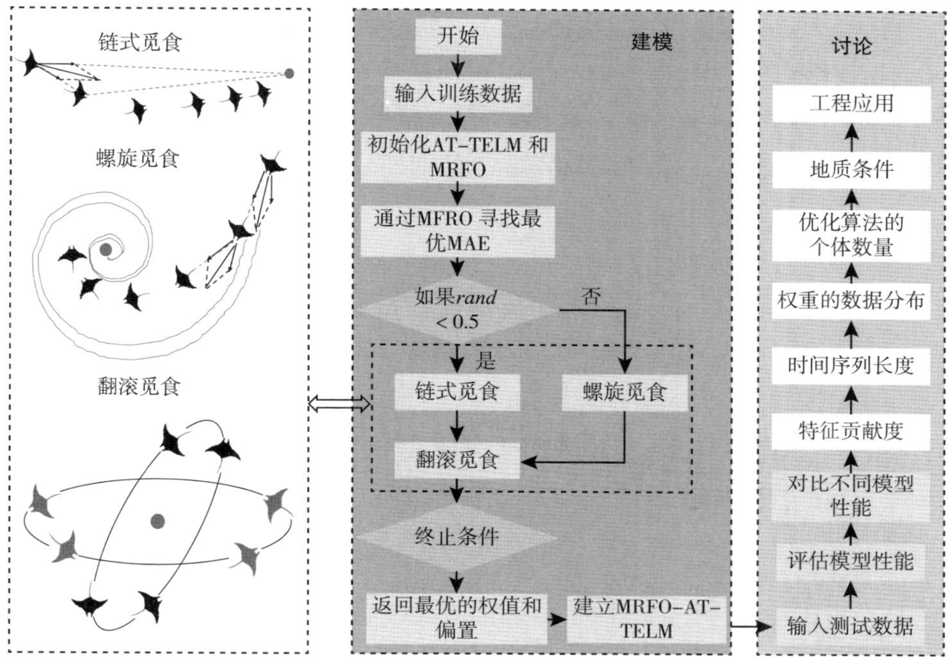

图 6.2 MRFO-AT-TELM 模型集成预测和分析流程

TELM 模型对预测稳定段总推进力的影响。

6.2 上升段时间长度分析与特征分析

TBM 掘进循环的上升段时序长度存在差异性，本文基于吉林某 TBM 工程数据分析所划分的掘进循环上升段时序长度展开讨论。考虑到时序长度严重影响预测总推进力的结果，如选用的上升段时序长度较长，可能掘进循环已经达到稳定段，因此探究平衡时间对实现总推进力预测至关重要。本文将基于文献和数据分析进一步优化选择哪些掘进参数作为输入特征来预测总推进力。

6.2.1 上升段时间长度分析

为了探究 TBM 掘进循环上升段的时序长度以选择合适的时序长度预测总推进力，本文统计了上升段时长的数据分布。上升段是 TBM 掘进参数的适应性调整，以保证掘进参数达到最优值实现稳定掘进[175]。如图 6.3 所示，上升段起点平均为 94s，稳定段起点平均为 255s，两个阶段的起点差值为 161s。通常，对于操作人员来说，确定稳定段参数需依据上升段整个过程。可见，基于上升段来确定稳定段的掘进参数需耗费较长时间，不利于 TBM 的高效掘进。

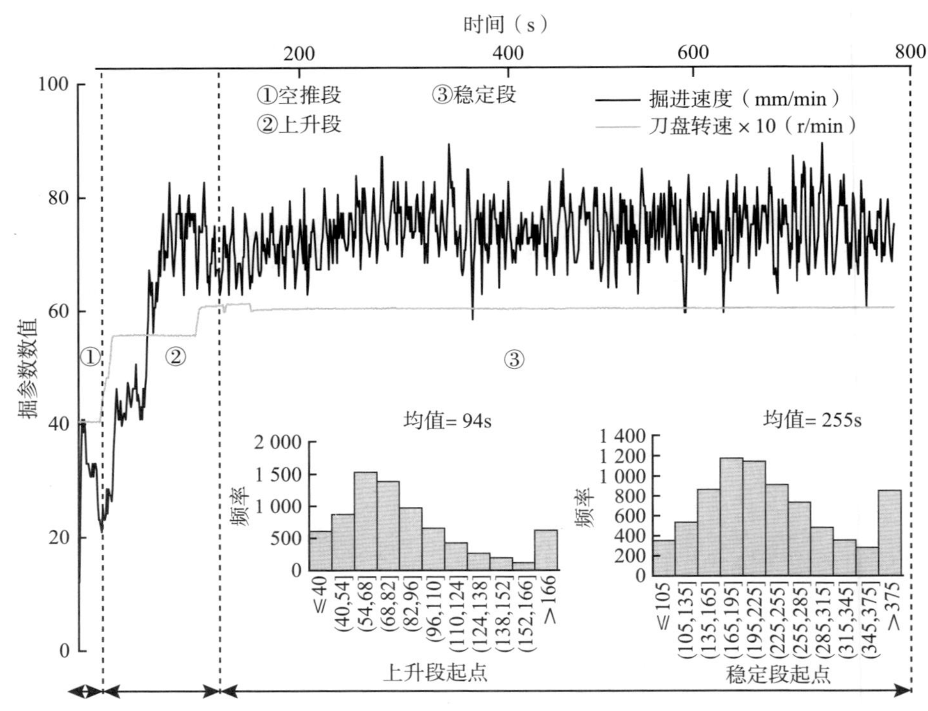

图 6.3　上升段与稳定段时间长度对比

从图 6.3 中可以观察到，稳定段的起点就是上升段的终点。而使用的掘进数据中时序长度小于 105s 的掘进循环数量将近 400 个，时序长度小于 135s 的掘进循环数量将近 1 000 个。为了尽可能满足所有掘进循环的需求，上升段最长时序长度选择前 90s。已有研究表明，基于上升段的前 30s 数据可以实现稳定段的总推进力预测[175]。但不同时序长度对预测总推进力的影响并不明确。因为上升段时序长度等差变化能够较好地反映模型预测总推进力的性能随时间变化的程度，所以本节选用了上升段前 30s、60s 和 90s 数据的均值进行比较。本节共使用了 7 636 个掘进循环用于预测分析。

6.2.2　特征选择

为了准确预测总推进力，Li 等[175]在预处理的基础上，针对吉林某 TBM 工程的 199 个参数，基于随机森林的贡献度分数选取了 10 个关键掘进参数作为输入特征：主机皮带机泵电机电流（X_1）、撑靴压力（X_2）、刀盘速度给定（X_3）、推进泵电机电流（X_4）、刀盘功率（X_5）、刀盘转速（X_6）、左护盾压力（X_7）、推进速度电位器设定值（X_8）、齿轮密封压力（X_9）和推进压力（X_{10}）。不可否认的是，TBM 施工过程需克服 TBM 护盾与围岩之间的摩擦力[217]，因此也要考虑右护盾压力（X_{11}）和顶护盾压力（X_{12}）。此外，顶护盾压力在围岩等级和断层感知中也有重要影响。最终，本节确定了 12 个掘进参数作为输入特征用于预测总推进力。

为了探究所选用的输入特征与总推进力的关系，本文对其进行了相关性分析。如图 6.4 所示，除刀盘功率与推进压力的相关性较强外，其他输入特征之间的相关性均较低，表明这些参数可以作为有效输入特征。值得强调的是，刀盘功率与推进压力是基于数据驱动选择的[175]，对总推进力的预测是有益的。进一步分析后发现，输入特征中撑靴压力、刀盘速度给定、刀盘转速、推进压力与总推进力之间有较强的线性关系。输入特征与总推进力之间既存在较强的线性关系也存在非线性关系。通过线性模型和非线性模型探究输入特征的贡献度将在本书 6.4.1 节中进行讨论。

6.3　总推进力预测结果分析

为了探究不同模型的适用性，本节利用 7 个不同的模型分析了基于上升段前 30s、60s 和 90s 数据预测稳定段总推进力的可行性和合理性。按照惯例，在建立模型之前，将数据按 80% 和 20% 的比例分为训练集和测试集，并进行数据归一化处理。输入权值和偏置是影响 ELM 模型性能的关键因素，且取决于隐藏层神经元的数量[218]。因此，ELM、TELM 和 AT-TELM 模型需要优化神经元的数量，如图 6.5（a）所示。为了进一步提高 AT-TELM 模型的性能，在确定最优隐藏神经元基础上采用 MRFO 算法优化 ELM、TELM 和 AT-TELM

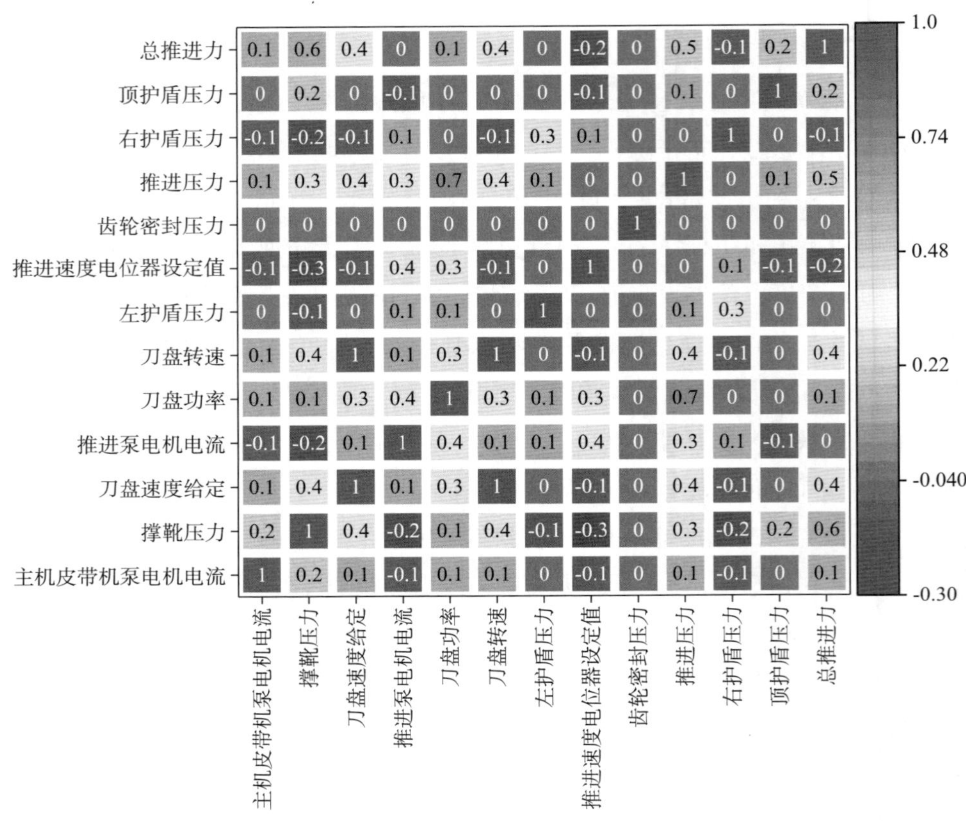

图 6.4　输入特征与总推进力的相关性分析

模型的输入权值和偏置。MRFO 算法中个体数量对 AT-TELM 模型的影响将在 6.4.3 节中进行讨论。

Lasso 线性回归中需优化惩罚项 L_1 项范数[219]；DT 模型中需优化树的最大深度、叶节点上所需要的最小样本数、拆分内部节点所需要的最小样本数[220]；SVM 模型中需选择非线性核函数并优化惩罚系数等[221]，如图 6.5（b）所示。本文使用了 Scikit-learn 开源框架[171]，实现 Lasso、DT 和 SVM 模型。接下来，本文先对比不同模型基于上升段前 30s 数据预测稳定段总推进力的结果。

将上升段前 30s 数据的均值作为输入，不同模型预测总推进力的结果如表 6.3 所示。MRFO-AT-TELM 模型显示出最优的性能，其 R^2 为 0.639 8，MAE 为 1 683.654 8，RMSE 为 2 198.898 1，如图 6.6 所示。其次是 AT-TELM 模型，其

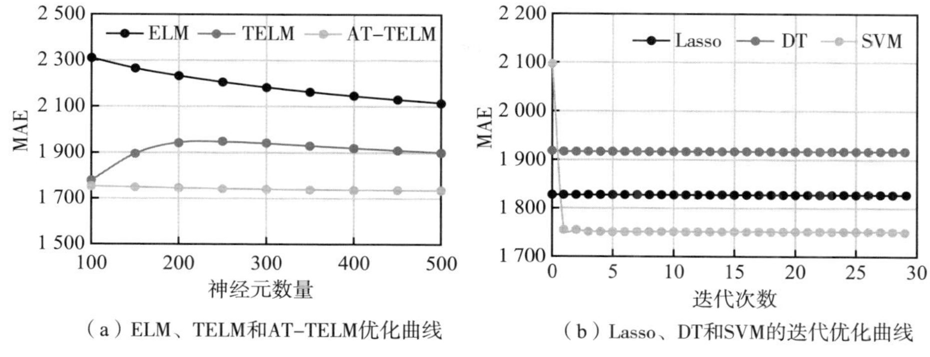

（a）ELM、TELM和AT-TELM优化曲线　（b）Lasso、DT和SVM的迭代优化曲线

图 6.5　使用前 30s 数据的不同模型的优化曲线

表 6.3　基于前 30s 数据的模型性能评估

模型	数据集	R^2	MAE	RMSE
Lasso	训练集	0.594 4	1 823.535 3	2 371.045 3
	测试集	0.598 5	1 806.466 1	2 321.696 7
DT	训练集	0.616 9	1 780.294 4	2 304.092 8
	测试集	0.558 6	1 919.532 9	2 434.439 2
SVM	训练集	0.621 5	1 704.137 7	2 290.323 3
	测试集	0.627 3	1 721.727 7	2 236.775 9
ELM	训练集	0.649 8	1 677.461 8	2 202.897 0
	测试集	0.571 5	1 849.418 9	2 398.352 2
TELM	训练集	0.618 5	1 749.214 3	2 299.390 5
	测试集	0.630 7	1 739.035 8	2 226.523 4
AT-TELM	训练集	0.690 3	1 553.453 4	2 071.580 9
	测试集	0.639 2	1 687.207 1	2 200.964 7
MRFO-AT-TELM	训练集	0.694 5	1 538.321 6	2 057.644 9
	测试集	0.639 8	1 683.654 8	2 198.898 1

R^2 为 0.639 2，MAE 为 1 687.207 1，RMSE 为 2 200.964 7。Lasso、DT、SVM 和 ELM 模型的性能远低于 TELM 和 AT-ELM 模型。

为了比较不同上升段时序长度对预测总推进力的影响，本文还根据上升段前 60s 和 90s 数据分析预测了总推进力的结果。将上升段前 60s 数据的均值

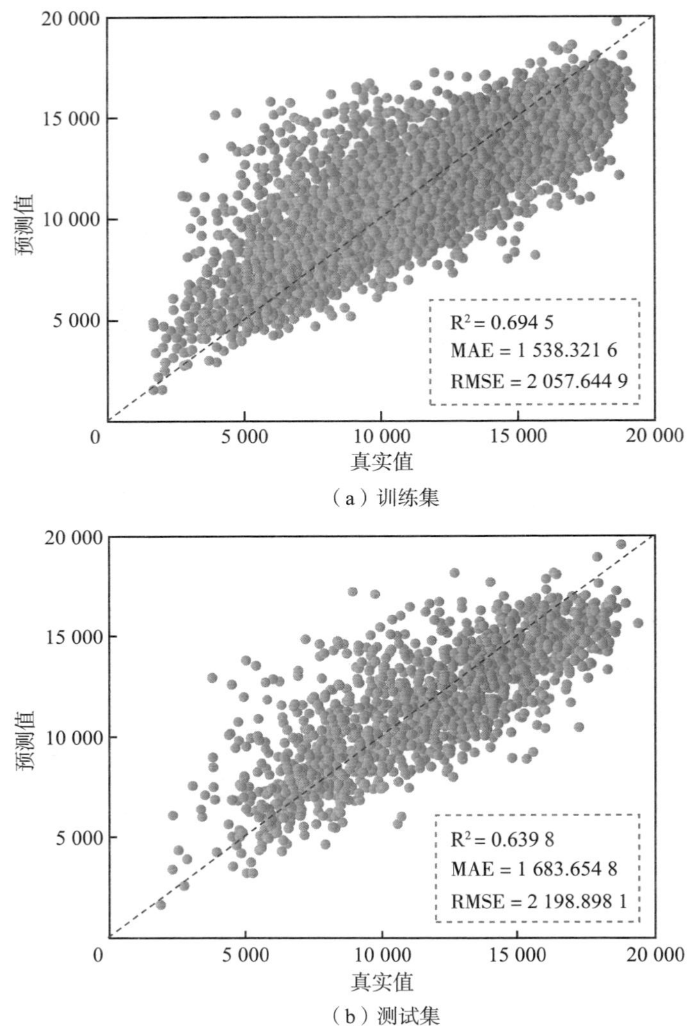

图 6.6　MRFO-AT-TELM 模型基于前 30s 数据的预测值和真实值的散点图对比

作为输入，不同模型预测总推进力的结果如表 6.4 所示。可以发现，本文提出的 MRFO-AT-TELM 模型具有最佳性能，R^2 为 0.723 5，MAE 为 1 442.462 6，RMSE 为 1 926.896 4，如图 6.7 所示。且 AT-TELM 模型的性能比 Lasso、DT、SVM、ELM 和 TELM 模型更优。

表 6.4 基于前 60s 数据的模型性能评估

模型	数据集	R^2	MAE	RMSE
Lasso	训练集	0.681 0	1 544.727 2	2 102.633 6
	测试集	0.691 4	1 527.635 4	2 035.522 7
DT	训练集	0.688 7	1 542.986 4	2 077.101 7
	测试集	0.655 5	1 637.517 0	2 150.621 5
SVM	训练集	0.689 2	1 470.955 9	2 075.531 5
	测试集	0.706 3	1 462.087 3	1 985.801 5
ELM	训练集	0.717 6	1 461.490 9	1 978.244 5
	测试集	0.660 6	1 625.377 5	2 134.608 5
TELM	训练集	0.694 3	1 502.318 7	2 058.183 1
	测试集	0.707 3	1 486.090 3	1 982.315 0
AT-TELM	训练集	0.743 18	1 368.136 1	1 893.568 1
	测试集	0.722 0	1 444.865 9	1 931.939 7
MRFO-AT-TELM	训练集	0.745 9	1 348.973 6	1 876.679 2
	测试集	0.723 5	1 442.462 6	1 926.896 4

将上升段前 90s 数据的均值作为输入，不同模型预测总推进力的结果如表 6.5 所示。其中，MRFO-AT-TELM 模型表现最好，R^2 为 0.749 4，MAE 为 1 323.094 5，RMSE 为 1 834.115 0，其次是 AT-TELM 模型。SVM 和 TELM 模型的测试结果略低于 AT-TELM 模型的结果。ELM 模型的性能不如 TELM 和 AT-TELM 模型。DT 模型的性能最差，R^2 为 0.635 1，MAE 为 1 649.161 2，RMSE 为 2 243.945 5。在前 60s 和 90s 的数据集中，Lasso 线性模型的性能优于 DT 模型。图 6.8 和图 6.9 展示了 MRFO-AT-TELM 模型将上升段前 90s 数据的均值作为输入预测总推进力的结果。

通过对比 ELM、TELM 和 AT-TELM 模型基于上升段前 30s、60s 和 90s 的预测结果，可以看出 ELM 的性能仍有较大局限性，具体原因是 ELM 模型采用的单隐含层不足以实现总推进力预测。总推进力预测中不建议采用线性模型，因为 Lasso 线性模型的性能较低。相较于上升段前 30s、60s，基于上升段前 90s 数据预测总推进力效果最佳。

将上升段前 30s 数据的均值作为输入预测总推进力，其准确性较低。原因

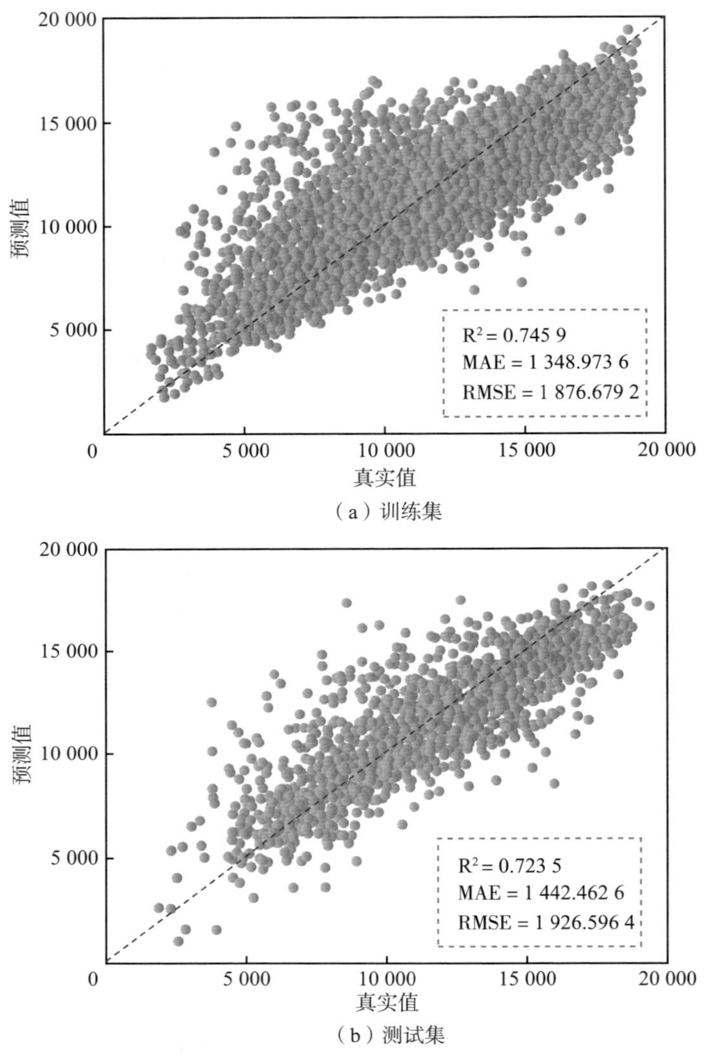

（a）训练集

（b）测试集

图 6.7　MRFO-AT-TELM 模型基于前 60s 数据的预测值和真实值的散点图对比

可以归纳为初始阶段岩 - 机相互作用较弱，所含数据不足以准确地预测总推进力。此外，随着时序长度的增加，模型的性能虽有提高，但并未得到大幅提高，如图 6.10 所示。相较于基于上升段前 30s 数据，MRFO-AT-TELM 模型基于上升段前 60s 数据的 R^2 提高了 13%，MAE 降低了 14%。与基于上升段前 60s 数据相比，MRFO-AT-TELM 模型基于上升段前 90s 数据的 R^2 提高了 3%，

MAE 降低了 8%。综上所述，将上升段前 90s 数据的均值作为输入可以帮助操作人员提前快速评估当前掘进循环的总推进力。

表 6.5　基于前 90s 数据的模型性能评估

模型	数据集	R^2	MAE	RMSE
Lasso	训练集	0.721 8	1 397.360 7	1 963.535 2
	测试集	0.723 3	1 376.722 1	1 927.467 0
DT	训练集	0.725 5	1 406.125 8	1 950.291 7
	测试集	0.699 7	1 501.784 0	2 007.951 2
SVM	训练集	0.726 3	1 323.927 9	1 947.459 0
	测试集	0.745 0	1 313.111 5	1 850.214 6
ELM	训练集	0.746 9	1 356.921 5	1 872.748 1
	测试集	0.691 4	1 488.648 4	2 035.441 4
TELM	训练集	0.739 2	1 348.859 0	1 901.234 6
	测试集	0.744 8	1 343.189 4	1 850.762 3
AT-TELM	训练集	0.763 5	1 269.103 4	1 810.536 6
	测试集	0.748 8	1 315.997 4	1 836.427 6
MRFO-AT-TELM	训练集	0.766 3	1 254.143 1	1 799.617 5
	测试集	0.749 4	1 323.094 5	1 834.115 0

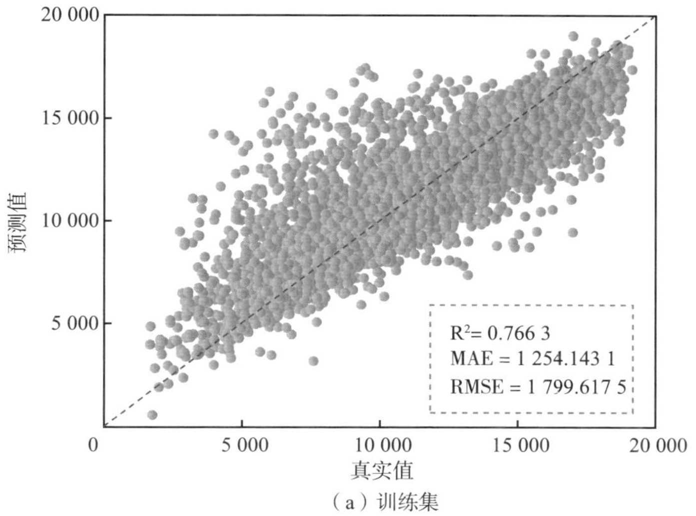

（a）训练集

图 6.8　MRFO-AT-TELM 模型基于前 90s 数据的预测值和真实值的散点图对比

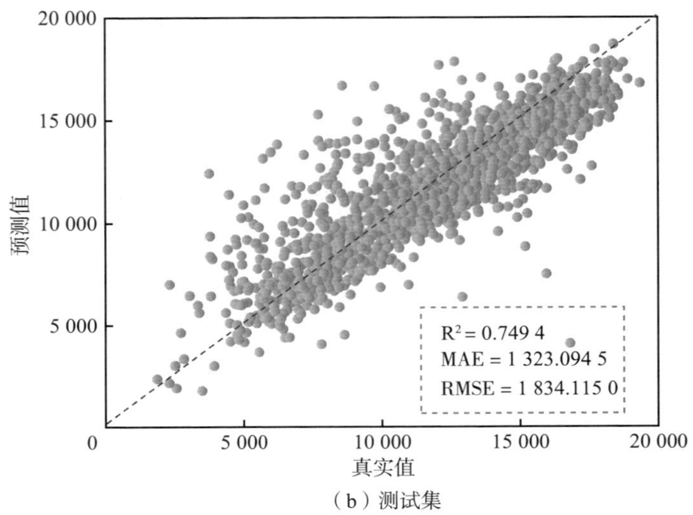

（b）测试集

图 6.8　MRFO-AT-TELM 模型基于前 90s 数据的预测值和真实值的散点图对比（续）

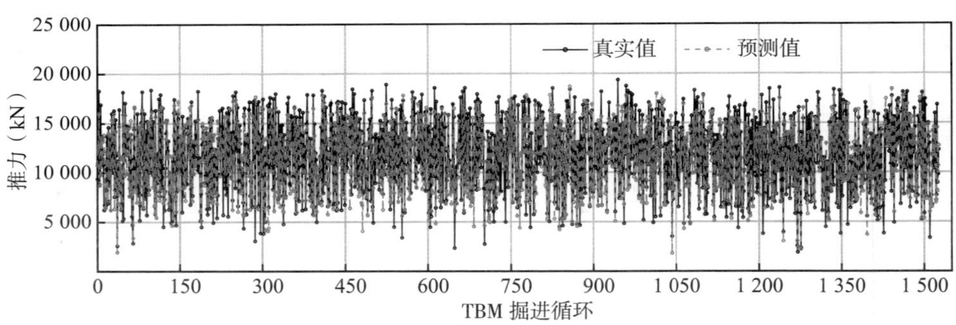

图 6.9　基于第 90s 数据 MRFO-AT-TELM 模型预测总推进力的真实值和预测值比较

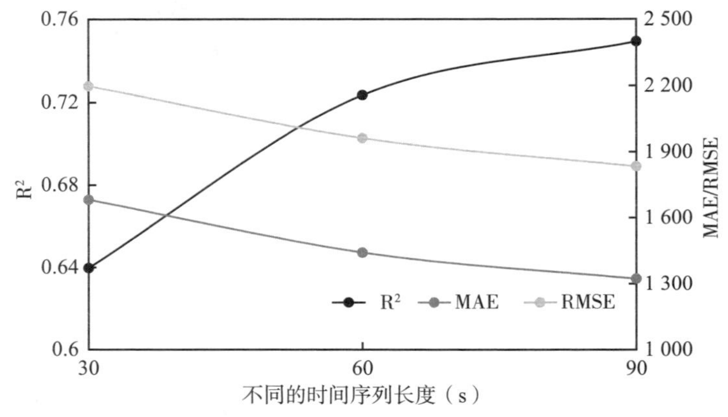

图 6.10　不同时间序列长度的性能评估

6.4 总推进力预测讨论与分析

考虑到总推进力与所选择的输入特征存在较强的线性关系和非线性关系，本节基于线性模型和非线性模型对所选择的 12 个输入特征进行贡献度分析。由于总推进力具有高方差的特点，即数据离散性大，本文提出了 AT-TELM 模型，探究优化算法对输入权值的影响以了解提高模型性能的关键。同时，本文分析了不同地质条件下 AT-TELM 模型的适用性，并基于新疆某 TBM 工程第二标段数据进行了模型验证。

6.4.1 输入特征贡献度分析

为了进一步分析本文所选择的 12 个输入特征的贡献度，本节对比了两种机器学习方法（决策树和 Lasso 模型）来分析输入特征的贡献度，并结合前人对特征的贡献度计算进行了分析。

Li 等在 10 个特征基础上基于随机森林得出推进压力（X_{10}）、齿轮密封压力（X_9）、推进速度电位器设定值（X_8）、左护盾压力（X_7）、刀盘转速（X_6）是前 5 个最重要的输入特征，具体的细节请参考相关文献[175]。决策树的特征贡献度计算方法可在相关参考文献中查阅[222]。在决策树中，撑靴压力（X_2）、刀盘功率（X_5）、推进压力（X_{10}）推进速度电位器设定值（X_8）和刀盘转速（X_6）的贡献度分数最大，如图 6.11（a）所示。尽管数据集和选择的特征数量不同，但随机森林和决策树分析的结果是相近的。两种方法都得出推进压力（X_{10}）、推进速度电位器设定值（X_8）、刀盘转速（X_6）是重要输入特征。

随机森林和决策树是非线性预测模型。通过相关性分析得出，输入特征与总推进力存在较强的线性关系，因此本文考虑使用 Lasso 线性模型分析输入特征的贡献度。Lasso 模型加入了 L_1 正则化，能够将不重要的输入特征的系数变为零[223]，因此被广泛用于特征分析。如图 6.11（b）所示，刀盘转速（X_6）、刀盘速度给定（X_3）、推进压力（X_{10}）、撑靴压力（X_2）和推进速度电位器设定值（X_8）是前 5 个贡献度分数最高的输入特征。综上分析得出：不同机器学习方法得到的特征贡献度分数具有差异性；推进压力（X_{10}）和推进速度电位器设定值（X_8）是关键输入特征；主机皮带机泵电机电流（X_1）、推进泵电机

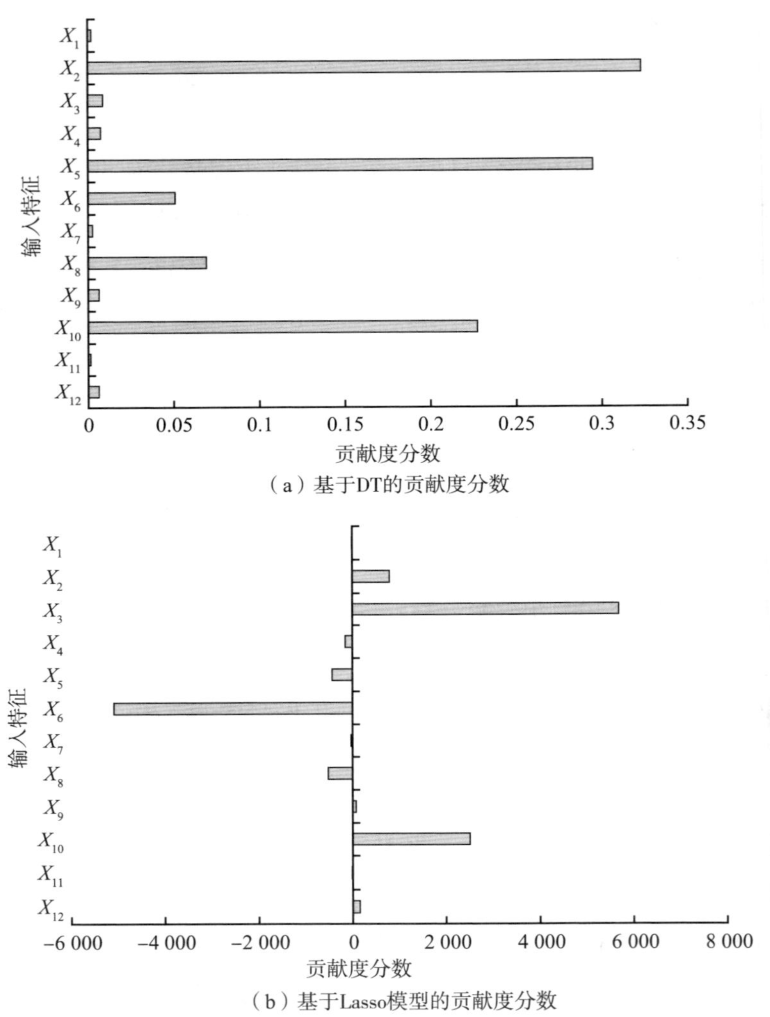

（a）基于DT的贡献度分数

（b）基于Lasso模型的贡献度分数

图 6.11　输入特征对总推进力预测的贡献度分数（基于 DT 和 Lasso 模型）

电流（X_4）、左护盾压力（X_7）、右护盾压力（X_{11}）的贡献度相对较小。且相较于左护盾压力和右护盾压力，顶护盾压力对总推进力预测的影响更大，这是因为推进过程中顶护盾与围岩的接触面积更大。

6.4.2　优化前后权值的数据分布分析

为了探究提出的模型在预测总推进力方面性能提升的关键原因，本文对优化前后输入权值的数据分布进行了分析。在确定最优神经元数量后，TELM

和 AT-TELM 模型随机生成输入权值和偏置。以权值为例，本文分析了 MRFO 方法优化前后 TELM 和 AT-TELM 模型输入权值数据分布的差异性。如图 6.12（a）所示，随机生成的权值为正态分布，分布在［-3，3］。优化后的 MRFO-TELM 模型输入权值分布在［-0.015，0.015］，如图 6.12（b）所示。相较于随机生成的权值，MRFO-TELM 模型的权值分布范围更小，数据分布偏向于均匀分布。相较于 MRFO-TELM 模型，MRFO-AT-TELM 模型的权值分布更加均匀。AT 激活函数能够明显改善 TELM 模型的输入权值数据分布[213]，以提高模型性能。如图 6.12（c）所示，相较于 MRFO-TELM 模型，优化后的 AT-TELM 模型的权值更小，分布在［-0.000 1，0.000 1］。不同 TBM 工程采集的

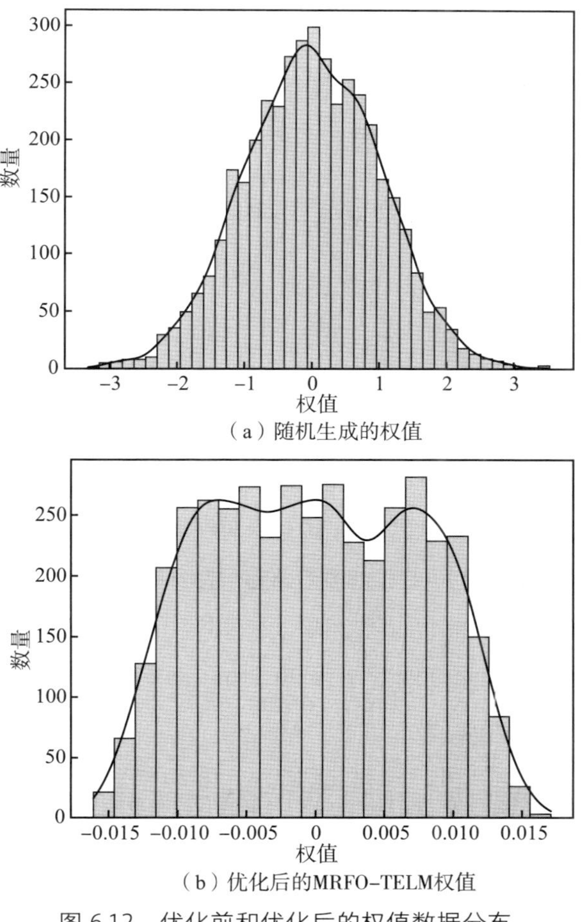

（a）随机生成的权值

（b）优化后的MRFO-TELM权值

图 6.12　优化前和优化后的权值数据分布

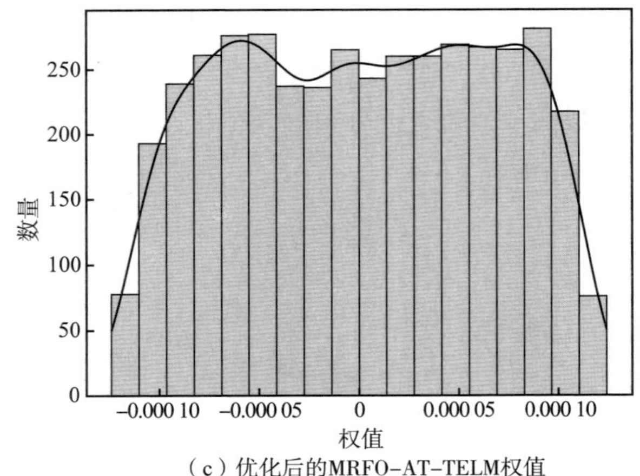

（c）优化后的MRFO-AT-TELM权值

图 6.12　优化前和优化后的权值数据分布（续）

施工数据存在差异性，优化后的权值分布范围可能是不同的，但 AT 激活函数改善了 TELM 模型的数据分布，使其在区间上服从均匀分布，提高了模型性能。

6.4.3　MRFO 个体数量对 MRFO-AT-TELM 性能的影响

为了探究 MRFO 优化算法的蝠鲼数量对 AT-TELM 模型的性能和优化时间的影响，本节设定蝠鲼数量分别为 10、20 和 30 进行深入分析。如图 6.13 所示，蝠鲼数量设定为 10 时，MAE 的最小值为 1 257，总优化时间为 838s；蝠鲼数量设定为 20 时，MAE 的最小值为 1 255，总优化时间为 1 819s；蝠鲼数量设定为 30 时，MAE 的最小值为 1 254，总优化时间为 2 522s，超过了 42min。

从图中可以看出，将迭代周期设定为 30 能够满足模型训练要求。综上分析，MRFO-AT-TELM 模型在蝠鲼数量较少时优化时间短，性能差；蝠鲼数量较多时优化时间长，性能优。本文中，将蝠鲼数量设定为 30 时，MAE 基本达到最优，但优化时间是蝠鲼数量为 20 时的 1.3 倍。考虑到时间成本的增加，本文最终将蝠鲼数量设定为 30。

6.4.4　地质信息对 MRFO-AT-TELM 性能的影响

为了探究所提出的模型在不同岩性和围岩等级下的适用性，本文基于测试集的预测结果进行了讨论。如前所述，该工程中岩性主要包含灰岩、花岗

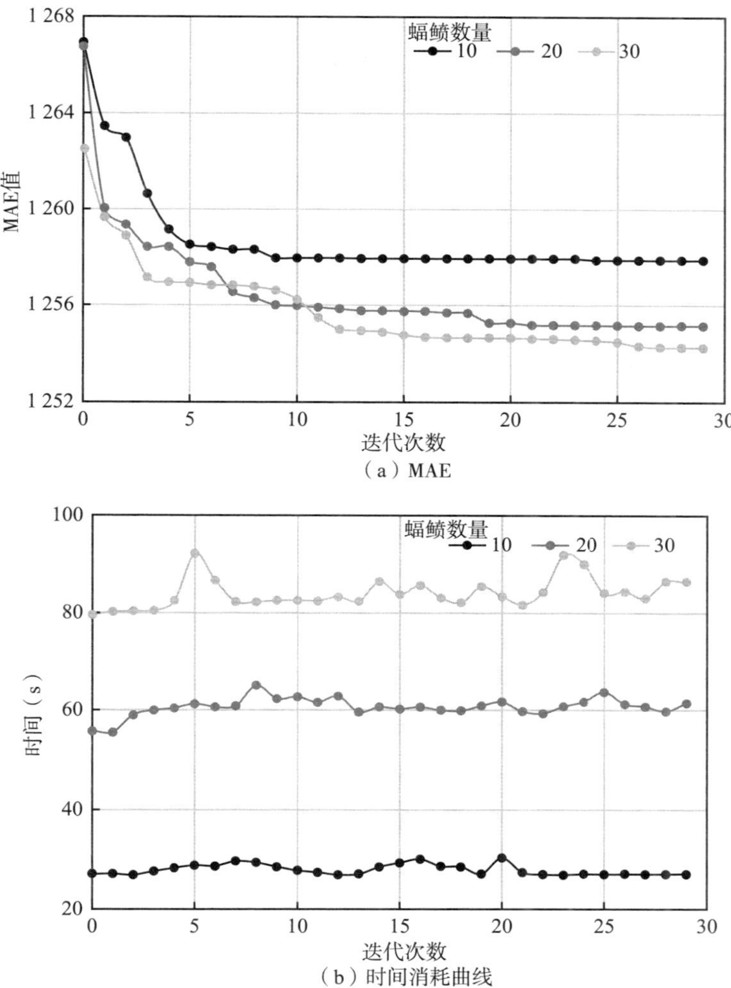

（a）MAE

（b）时间消耗曲线

图 6.13　使用不同个体数量的 MRFO-AT-TELM 模型的训练过程

岩、凝灰质砂岩、闪长岩和炭质板岩。不同岩性下总推进力的预测结果可能存在差异，本文以上述 5 种岩性为例展开分析。首先，分析总推进力在不同岩性下的数据特点。均值可反映数据整体趋势，标准差可反映数据的离散程度。因此，本文选取了均值和标准差作为模型性能的衡量指标。如图 6.14（a）所示，总推进力在灰岩中最大，在炭质板岩中最小，分别为 12 774 kN 和 6 917 kN，但在其余 3 种岩性下，总推进力均值相差不大。如图 6.14（b）所示，从标准差中可以看出，总推进力在闪长岩中的离散性较大，这能够反映出闪长岩下要求操作人员对 TBM 总推进力的控制更高。接下来，本文分析了 MRFO-AT-TELM 模型在不同岩性下预测总推进力的性能。

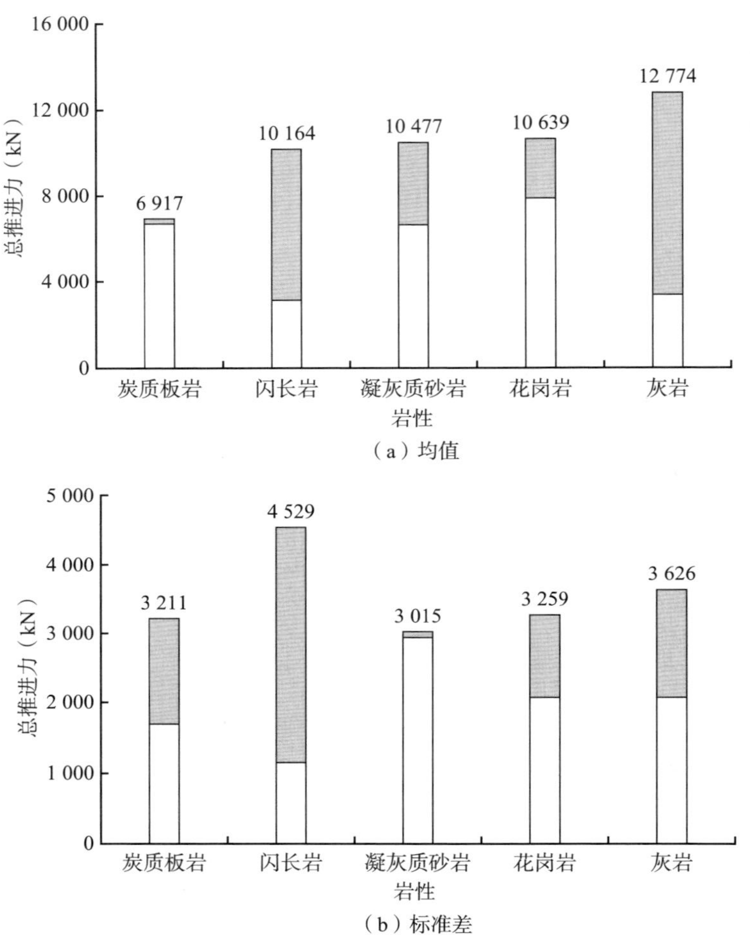

图 6.14　不同岩性中总推进力的均值和标准差

如图 6.15 所示，MRFO-AT-TELM 模型在不同岩性下的预测结果存在较大差异。从 R^2 对比结果来看，总推进力预测模型在凝灰质砂岩中的性能差，在闪长岩中的性能最好，其次是炭质板岩；从 MAE 和 RMSE 来看，模型在炭质板岩中的性能最好，其次是闪长岩和花岗岩。这是因为 R^2 在方差较大的数据中数值偏小，而离散性数据对 MAE 和 RMSE 的影响较小。整体而言，模型

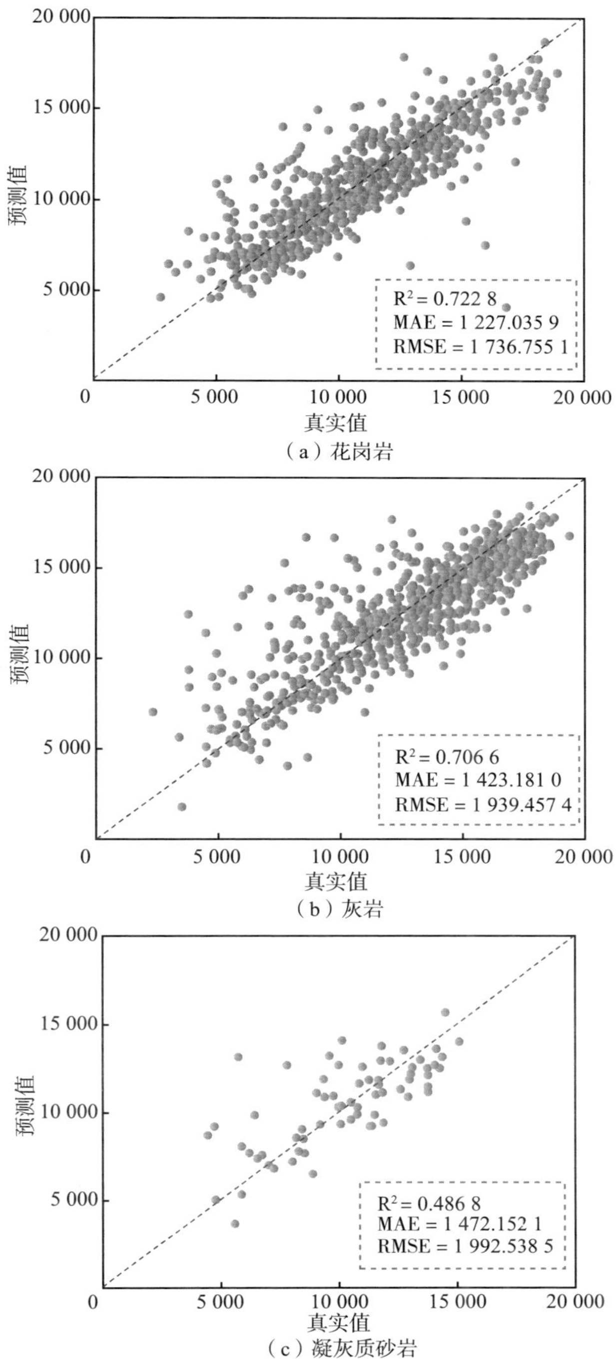

（a）花岗岩

（b）灰岩

（c）凝灰质砂岩

图 6.15　不同岩性下模型测试集的真实值和预测值

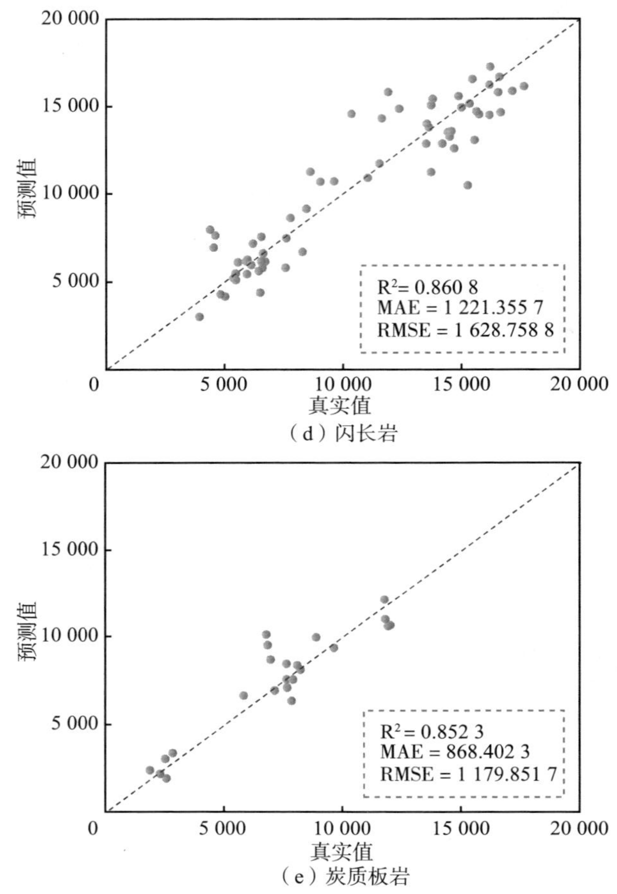

（d）闪长岩

（e）炭质板岩

图 6.15　不同岩性下模型测试集的真实值和预测值（续）

在凝灰质砂岩中的误差较大，其次是灰岩。岩性分布中，灰岩和花岗岩占比高，凝灰质砂岩、闪长岩和炭质板岩占比低，比例分别为 38.74%、32.82%、3.65%、3.12%、1.68%，模型在不同岩性下的预测结果与岩性数量的比例关联性不强。

围岩等级对 TBM 性能有重要影响[41]，因此有必要分析其敏感性。如图 6.16（a）所示，总推进力随着围岩等级的增大而减小。Ⅱ类围岩的平均总推进力达到了 13 328kN，而Ⅴ类围岩的平均总推进力仅为 7 620kN。这是因为围岩等级越小，单轴抗压强度越大，岩体完整性越好，需要更大的总推进力进行掘进。这表明，在较差的地质条件中，要适当减小总推进力，减少对围岩的

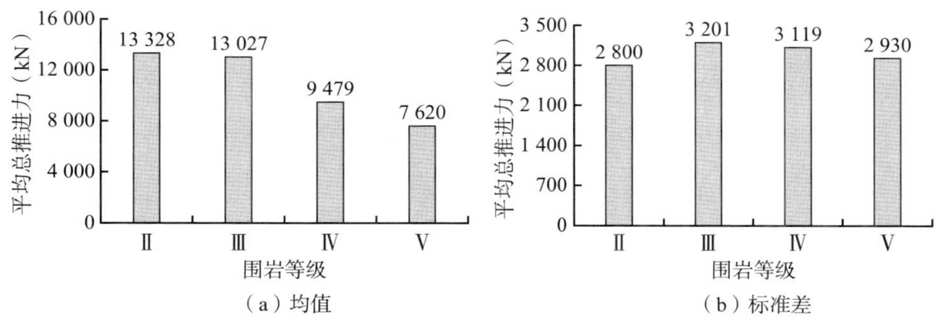

（a）均值　　（b）标准差

图 6.16　不同围岩等级下测试集的均值与标准差

扰动；同时，在较好的地质条件中，要适当增大总推进力以提高掘进效率。

图 6.17 中分析了 MRFO-AT-TELM 模型在不同围岩等级中的适用性。模型在Ⅴ类围岩中的预测结果最好，R^2 为 0.720 2，MAE 为 1 162.794 4，RMSE 为 1 552.413 9。在Ⅲ类和Ⅳ类围岩中，该模型仍然获得了较好的预测结果。值得一提的是，该模型的预测结果在Ⅱ类围岩中是最差的。从围岩等级的统计结果来看，Ⅱ、Ⅲ、Ⅳ和Ⅴ类围岩的比例分别为 3.8%、59.49%、29.19%、7.52%。Ⅱ类围岩的掘进循环数量仅为 283 个，相较于其他围岩类别，Ⅱ类围岩数量较少可能是造成模型性能低的主要原因。

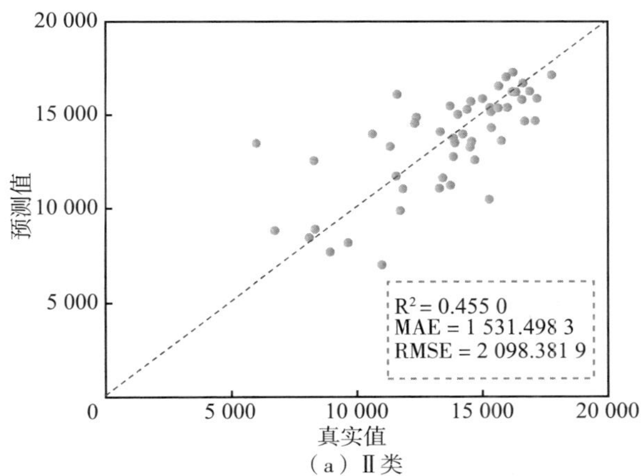

（a）Ⅱ类

图 6.17　不同围岩等级下模型测试集的真实值和预测值

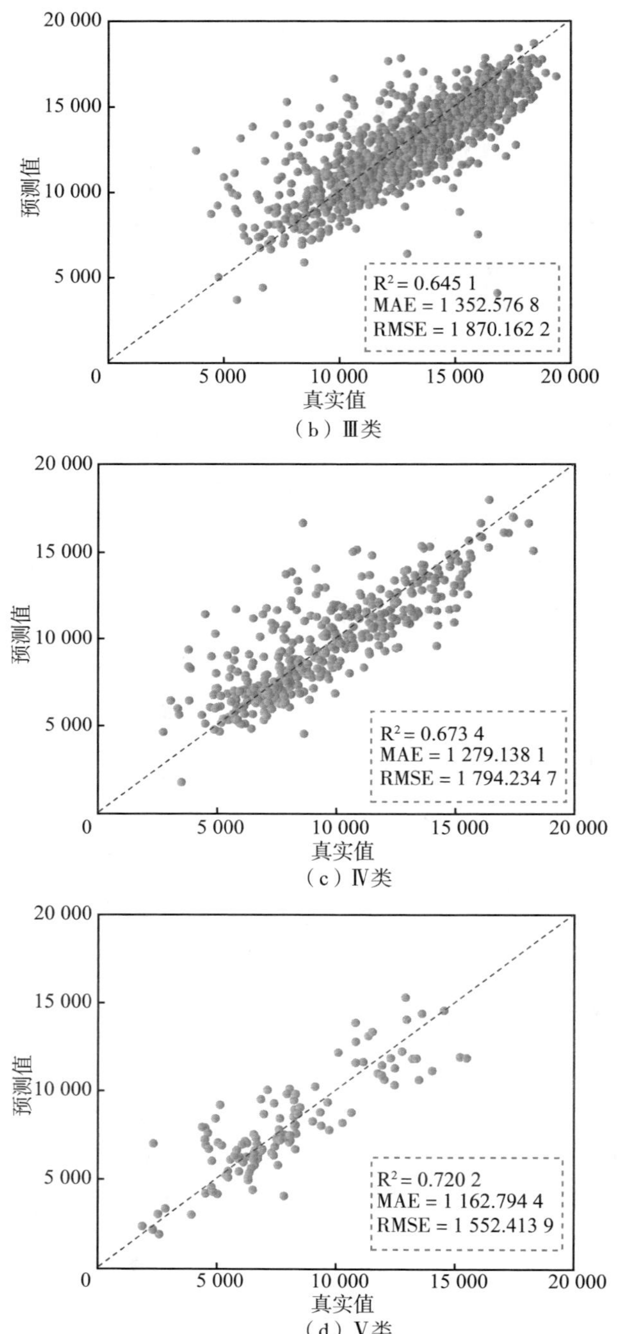

（b）Ⅲ类

（c）Ⅳ类

（d）Ⅴ类

图 6.17　不同围岩等级下模型测试集的真实值和预测值（续）

6.4.5 总推进力预测模型验证

为了能够指导 TBM 施工，本文通过分析同一隧道已开挖的部分来预测未开挖的部分。在数据集不被随机打乱的情况下划分出训练集和测试集，训练集代表已开挖工程的数据，测试集代表未开挖工程的数据。测试集的比例分别为 0.2、0.3、0.4、0.5。如图 6.18 所示，测试集比例为 0.2 时，所提出的 MRFO-AT-TELM 模型的 MAE 为 1 364.111 2，RMSE 为 1 949.352 8。当测试集比例为 0.5 时，所提出的 MRFO-AT-TELM 模型的 MAE 为 1 681.739 3，RMSE 为 2 300.965 5。随着测试集比例的增大，模型的预测误差也增大。当已开挖工程的掘进循环数量大于 3 816（测试集的比例为 0.5）时，可以建立模型对隧道未施工部分进行预测。

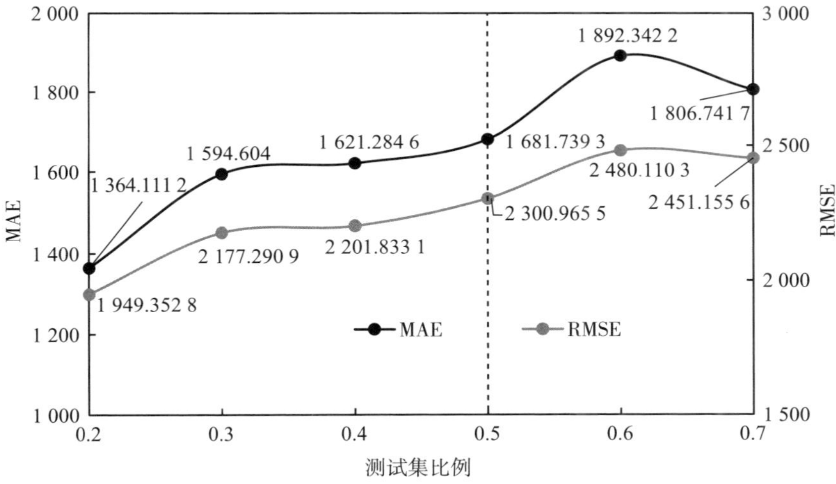

图 6.18 基于吉林某 TBM 工程已开挖数据预测隧道未开挖部分

通过对比 MRFO-AT-TELM 模型在不同岩性和围岩等级下的预测结果可知，所获取的数据集应尽量包含不同岩性和不同围岩等级下的 TBM 施工数据，以提高模型在不同地质条件下的适应性。当隧道开挖工程中岩性和围岩等级的分布不均匀且有较大的差异时，在单一岩性或单一围岩等级所取的 TBM 施工数据无法有效地应用于其他岩性和围岩等级。

为了验证 MRFO-AT-TELM 模型的性能和所选择的特征在预测总推进力

时的可行性，本文将新疆某 TBM 工程第二标段所获取的 2 919 个掘进循环随机划分为训练集和测试集，对模型进行测试。本文将第二标段中获取的主机皮带机泵电机电流、撑靴压力、刀盘转速、左护盾压力、推进压力、右护盾压力和顶护盾压力 7 个掘进参数作为输入特征。按照惯例，训练集和测试集比例为 80% 和 20%，测试集中掘进循环数量为 584 个。

如图 6.19 所示，MRFO-AT-TELM 模型在第二标段测试集中的 R^2 为 0.505 0，MAE 为 1 222.031 3，RMSE 为 1 697.871 3。从 MAE 分布来看，误差分布范围主要在 0~2 000。可见，所提出的模型及选择的输入特征在第二标段得到了验证，但模型性能略低。不同工程收集到的掘进参数存在差异性，由于无法获取到完整的 12 个输入特征，模型的性能可能会受到影响。从特征贡献度来看，推进速度电位器设定值贡献度较大，但第二标段中并未能获得。

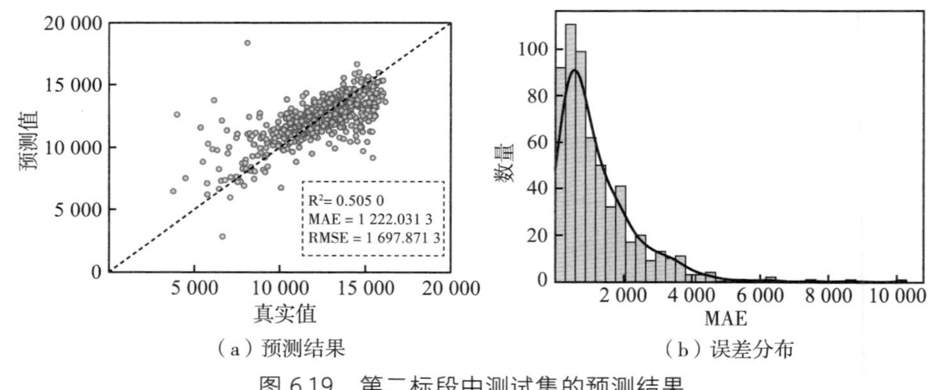

（a）预测结果　　（b）误差分布

图 6.19　第二标段中测试集的预测结果

为了探究所训练的模型应用于新工程的可行性，本文使用基于吉林某 TBM 工程数据建立的总推进力预测模型直接预测第二标段中对应掘进循环的总推进力。吉林某 TBM 工程中的训练数据选择了第二标段中所采集到的 7 个输入特征。如图 6.20 所示，所建立的 MRFO-AT-TELM 模型在第二标段中 R^2 为 0.065 9，MAE 为 1 839.436 9，RMSE 为 2 362.666 8。模型的预测结果误差大，且预测值偏小，原因是第二标段数据中围岩等级主要是Ⅱ类围岩，而吉林某 TBM 工程中Ⅱ类围岩的数据占比很小，只有 283 个 TBM 掘进循环，且吉林某 TBM 工程中 MRFO-AT-TELM 模型在测试数据中对Ⅱ类围岩的预测性能最

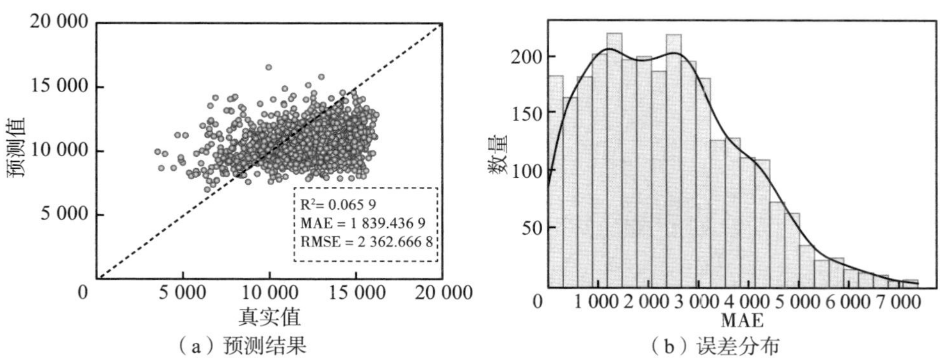

图 6.20　根据吉林某 TBM 工程数据采用 MRFO-AT-TELM 模型预测第二标段的总推进力

差。吉林某 TBM 工程中的数据统计分析表明，总推进力在Ⅱ类围岩中的均值为 13 328kN，标准差为 2 800。而第二标段中的数据统计分析表明，总推进力均值为 12 317kN，标准差为 2 321。可以总结出吉林某 TBM 工程中隧道围岩等级数据Ⅱ类围岩占比少是导致模型性能降低的主要原因。针对这种情况，持续收集 TBM 施工数据是很有必要的。

本部分提出了一种改进的双隐含极限学习机模型来预测 TBM 稳定段的总推进力，综合上述内容，可得到以下结论。

①本文提出的 MRFO-AT-TELM 总推进力预测模型解决了总推进力数据波动大且与特征复杂的非线性关系导致预测效果差的难题，其性能优于极限学习机、决策树和支持向量机等模型。且随着上升段时序长度的增加，模型的性能得到了提高，在上升段 30~60s 区间内模型 R^2 的增长率高于上升段 60~90s。在 12 个输入特征中，推进压力和推进速度电位器设定值的贡献度分数最大。相较于左护盾压力、右护盾压力，顶护盾压力的影响更大。随机生成的输入权值为正态分布，优化后的总推进力预测模型的输入权值为均匀分布，且数值较小。

②总推进力预测模型在不同岩性和围岩类别下的性能存在较大差异，不同岩性下模型预测性能与岩性的数量比例关联性不强。相较于Ⅲ、Ⅳ和Ⅴ类围岩，Ⅱ类围岩的掘进循环数量较少是造成模型性降低的主要原因。

③根据已开挖部分预测隧道的未开挖部分时，TBM 掘进循环数应大于 3 800 个，并尽可能包含不同岩性和围岩等级的数据。不同隧道 TBM 所收集的掘进参数具有差异性，未收集到的掘进参数易使模型性能降低。

7 推进速度多步实时预测的时序卷积神经网络

推进速度的数据离散性同样较大，这意味着增强输入特征与推进速度的关联性是提高模型性能的关键。前文已使用 LSTM 模型感知岩性，在考虑全局注意力机制的情况下模型性能明显提升。不同于岩性感知，推进速度多步实时预测中需将较长的时序数据作为输入，因为较短的 TBM 输入数据长度（如 15s）不足以实现推进速度多步实时预测，而 LSTM 模型在面对长时间序列数据时通常存在模型性能降低的问题[224]。为了能够捕获较长的 TBM 输入数据的时序关系以实现多步预测，本文考虑了时序卷积神经网络。为了能够增强 TBM 施工数据之间的关联，本文将考虑压缩激发网络。推进速度的多步实时预测是指在同一掘进循环下基于刚开挖的历史数据预测推进速度接下来的趋势，因此需进一步探究不同预测步数下模型预测推进速度的结果。除考虑将推进速度作为输入特征外，本文进一步优选了影响推进速度预测的特征，并分析了基于吉林某 TBM 工程所建立的推进速度多步实时预测模型应用于内蒙古某 TBM 工程的适应性。

7.1 时序卷积神经网络和压缩激发网络

为了能够实现将长序列 TBM 施工数据作为输入以便进行推进速度的多步实时预测，本文考虑了在长序列数据预测问题中具有优异性能的时序卷积神经网络，同时考虑了压缩激发网络增强时序卷积神经网络特征通道（特征图）提取 TBM 施工数据信息的性能，并基于两种网络提出了一种新的适用于解决推进速度多步实时预测的模型。

7.1.1　时序卷积神经网络

时序卷积神经网络（Temporal Convolutional Network，TCN）最早由 Bai 于 2018 年提出[224]，主要用来解决时间序列预测问题。TCN 模型主要基于两个原则：网络能够生成与输入序列等长的输出序列；未来的信息不会泄露到过去。因此，TCN 模型采用了一维全卷积网络结构并加入了因果卷积。接下来，本文将介绍 TCN 模型的结构，主要包括因果卷积、空洞卷积和残差连接。

7.1.1.1　因果卷积

当模型具有多个输入特征时，通常定义 $\boldsymbol{X}=[\boldsymbol{X}^{(1)},\boldsymbol{X}^{(2)},\cdots,\boldsymbol{X}^{(n)}]\in\mathbb{R}^{n\times T}$，$T$ 是序列的长度。以 $\boldsymbol{X}^{(i)}$ 为例，$\boldsymbol{X}^{(i)}=[X_1^{(i)},X_2^{(i)},\cdots,X_T^{(i)}]$。目标序列被定义为 $\boldsymbol{Y}=[y_1,y_2,\cdots,y_T]\in\mathbb{R}^T$。TCN 通过特征通道提取 TBM 施工数据中的深层次信息。TCN 通过引入因果卷积，保证了 T 时刻的信息只依赖于之前的信息，即 $\tilde{y}_{T+1}$ 只与 $\boldsymbol{X}_1,\boldsymbol{X}_2,\cdots,\boldsymbol{X}_T$ 相关，如图 7.1 所示。对于推进速度多步预测，假定预测的时间步为 λ，则公式可以表示为：

$$\tilde{y}_{T+1},\tilde{y}_{T+2},\cdots,\tilde{y}_{T+\lambda}=M(\boldsymbol{X}_1,\boldsymbol{X}_2,\cdots,\boldsymbol{X}_T,\boldsymbol{Y})\tag{式 7.1}$$

式中，$M(\cdot)$ 是非线性映射模型。

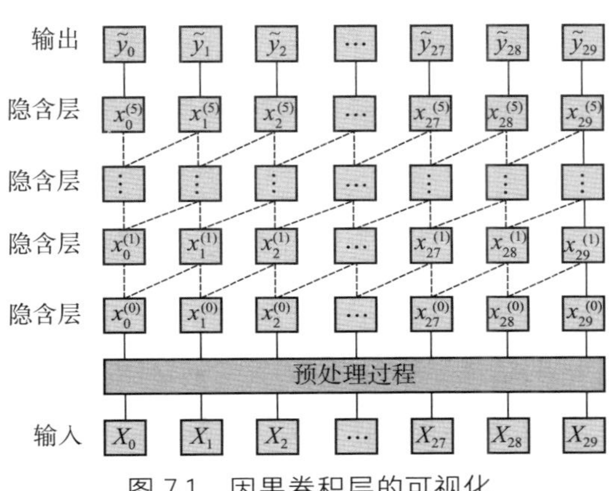

图 7.1　因果卷积层的可视化

7.1.1.2 空洞卷积

为了保证 TCN 模型能够记住长期信息，需要增加因果卷积层数来增加卷积的感受野。但这容易增加模型复杂度，导致计算开销增加。为了解决上述问题，本文在 TCN 模型中引入了空洞卷积，如图 7.2 所示。对于一维序列信号 $\boldsymbol{X}=(X_1,X_2,\cdots,X_T)$、滤波器 $F=(f_0,f_1,\cdots,f_{k-1})$，序列元素 e 上的空洞卷积运算如下所示：

$$F(e)=\sum_{i=0}^{k-1}f(i)\cdot X_{e-d\cdot i} \qquad \text{（式 7.2）}$$

式中，d 为膨胀因子，k 为滤波器大小，$(t-d\cdot i)$ 为卷积中元素对应的序列。这里通过在膨胀卷积的两个滤波器之间引入一个固定间隔来增加感受野。

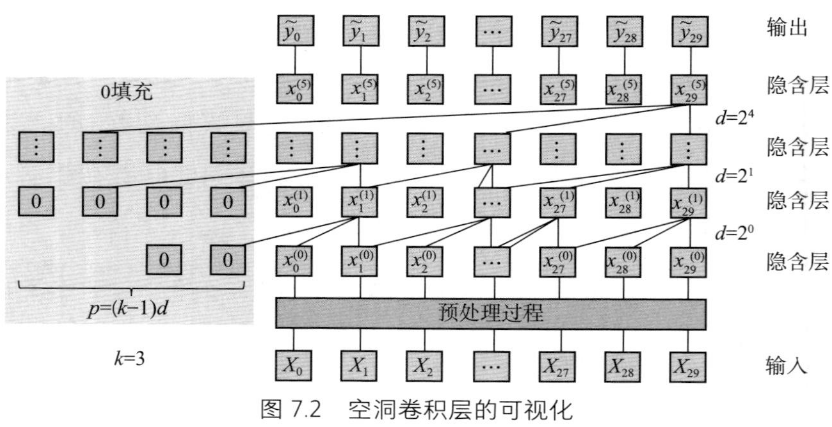

图 7.2 空洞卷积层的可视化

通常，感受野的计算公式为 $(k-1)\,d$，因此，可以选择更大的膨胀因子 d 或增加滤波器大小 k 增加 TCN 模型的感受野。一般来讲，卷积层中滤波器大小 k 是固定的。膨胀因子 d 随着网络深度的增加呈指数级增长（在第 i 层时 $d=2^i$）。因此，即使卷积层数较少，网络仍然可以获得较大的感受野。

7.1.1.3 残差连接

通常来讲，卷积网络的隐含层层数越多，越能提取出更多不同的特征。但是累加卷积层的层数，极易导致网络出现梯度爆炸和梯度消失。尽管基于正则化或 Dropout 可缓解这一情况，但随着层数增加，卷积网络容易存在退化问题，导致其精度降低。基于上述缺陷，He 等[225]于 2016 年提出了残差网络。残差网络可以实现跨层信息传递，当网络深度增加时，可有效缓解网络退化的问题，公式如下所示：

$$o = \text{Activation}(\boldsymbol{X} + M(\boldsymbol{X})) \quad （式 7.3）$$

整体上，TCN 模型由因果卷积和空洞卷积构建的残差模块堆叠而成，如图 7.3 所示。残差模块中包含了两层空洞－因果卷积，卷积核权重经过了归一化处理。为了提高卷积层间的非线性关系，本文使用了修正线性单元（Rectified Linear Unit，ReLU），为降低模型过拟合的风险，网络中还添加了 Dropout 层[172]。Dropout 层可防止推进速度预测模型过拟合，其通过在网络训练阶段随机丢弃部分神经元实现。

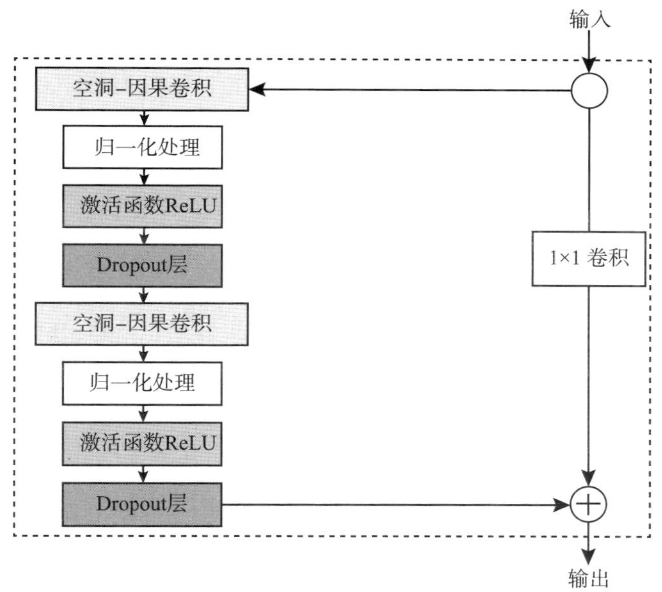

图 7.3　TCN 残差结构

7.1.2　压缩激发网络

通常，卷积神经网络通过卷积核在输入特征图中的高度（H）、宽度（W）及通道数（C）间提取深层次特征。为了提高预测性能，学者们提出了多空间特征提取等方法，如 Inception 网络。除了考虑模型结构，压缩激发网络（Squeeze-and-Excitation Networks，SENet）还考虑了输入特征通道间的相互依赖关系，以提升模型的预测性能[226]。具体操作是通过网络的训练过程得到不同特征通道之间的权重。权重可以调节不同特征通道之间的重要程度，这是一个基于网络训练的自适应调整过程。在经过 TCN 模型后，输入特征变为三维，分别为训练的批次、特征通道和输入数据的序列长度。在不考虑训练批次的情况下，特征图定义为 $\boldsymbol{U}=[\boldsymbol{u}_1,\boldsymbol{u}_2,\cdots,\boldsymbol{u}_C]\in\mathbb{R}^{T\times C}$，即 C 个长度为 T 的特征图。而改进后的 SENet 适用于推进速度多步实时预测，挤压（Squeeze）、激励（Excitation）和点积（Scale）是 SENet 的 3 个主要操作。

（1）挤压

TCN 模型在经过多个卷积层计算后可输出多个特征图，全局平均池化能够快速简单地计算输入特征的全局感受野。对于序列数据，数据的特征图经过全局平均池化进行压缩，得到一个标量，构成 $\boldsymbol{z}=[z_1,z_2,\cdots,z_C]\in\mathbb{R}^C$。由此，所有的特征图组成一个实数数列。每个特征图的实数计算如下：

$$z_C=\boldsymbol{F}_{sq}(\boldsymbol{u}_C)=\frac{1}{T}\sum_{i=1}^{T}u_C(i) \tag{式 7.4}$$

（2）激励

基于挤压操作可获得特征通道的全局描述特征，但不同特征通道所获取的信息具有差异性，因此通过激励操作来建立特征通道间的相关性，使不同特征通道获得不同的权重 $\boldsymbol{s}$。这个过程通过两层全连接计算得到，公式如下：

$$\boldsymbol{s}=\boldsymbol{F}_{ex}(\boldsymbol{z},\boldsymbol{W})=\sigma((g(\boldsymbol{z},\boldsymbol{W}))=\sigma(\boldsymbol{W}_2\delta(\boldsymbol{W}_1\boldsymbol{z})) \tag{式 7.5}$$

式中，$\boldsymbol{s}=[s_1,s_2,\cdots,s_C]\in\mathbb{R}^C$，$\boldsymbol{W}_1\in\mathbb{R}^{\frac{C}{r}\times C}$，$\boldsymbol{W}_2\in\mathbb{R}^{C\times\frac{C}{r}}$，$\sigma$ 为 Sigmoid 函数，δ 为 ReLU 激活函数，其中 $\sigma(x)=\dfrac{1}{1+\mathrm{e}^{-x}}$，$\delta(x)=\max(0,x)$。

Sigmoid 和 ReLU 激活函数如图 7.4 所示。第一层全连接层的主要作用是对数据进行降维以减少计算量，并通过 ReLU 激活函数增加模型的非线性表达能力，第二层全连接则是对数据进行升维。模型中的 $\boldsymbol{W}_1$ 和 $\boldsymbol{W}_2$ 可以通过训练过程自适应调节得到，其中 $\boldsymbol{W}_1$ 和 $\boldsymbol{W}_2$ 公式中的 r 是基于模型实验得到的，数

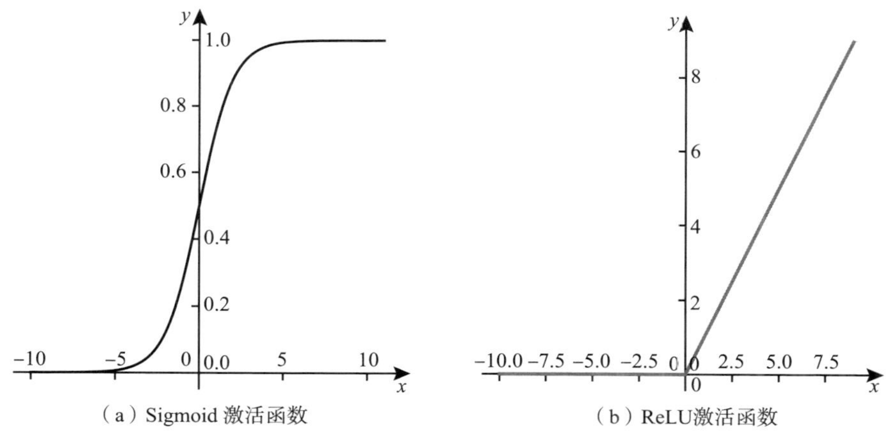

（a）Sigmoid 激活函数　（b）ReLU激活函数

图 7.4　Sigmoid 和 ReLU 激活函数

值为 16，这个参数是基于实验得到的。数据先降维再升维能够降低模型复杂度并提高模型的泛化能力。基于 Sigmoid 激活函数，所获得的权重被限定在 0~1 内。

（3）点积

基于前述操作，获得通道之间的权重后，直接加权到先前的特征上，这一过程通过点积运算得到，公式如下：

$$\tilde{\boldsymbol{X}}_C = \boldsymbol{F}_{scale}(\boldsymbol{u}_C, s_C) = s_C \boldsymbol{u}_C \quad \text{（式 7.6）}$$

式中，$\boldsymbol{u}_C \in \mathbb{R}^T$，$s_C$ 为标量，$\tilde{\boldsymbol{X}} = [\tilde{\boldsymbol{X}}_1, \tilde{\boldsymbol{X}}_2, \cdots, \tilde{\boldsymbol{X}}_C]$。由于权重 s_C 被限定在 0~1，因此可以增强有效的特征通道并抑制无效的特征通道。

7.1.3　推进速度多步实时预测模型

结合 TCN 模型和 SENet 的优点，本文提出了一种新的推进速度多步实时预测模型，如图 7.5 所示。本文先基于 TCN 模型提取 TBM 施工数据中的关键信息，然后通过 SENet 增强 TCN 模型的有效特征通道（上述模型称为 TCN-SENet+ 模型）。TCN 模型中的特征提取是通过因果卷积和空洞卷积得到的。该模型的关键创新点是改进 SENet 使其适用于处理 TBM 施工时序数据。然后，为 TCN 模型中的特征通道分配了不同的权重。SENet 中的权重计算是通过挤压、激励和点积 3 个过程实现的，权重在训练过程中基于最小化误差调整。输入数据经过第一个 SENet 输出后，再增加一个 SENet，构成一个残差结构（上述模型称为 TCN-SENet++ 模型），以进一步实现跨层信息传递，汇总不同特征通道的信息。最后，加入一个全连接层实现推进速度的多步实时预测。

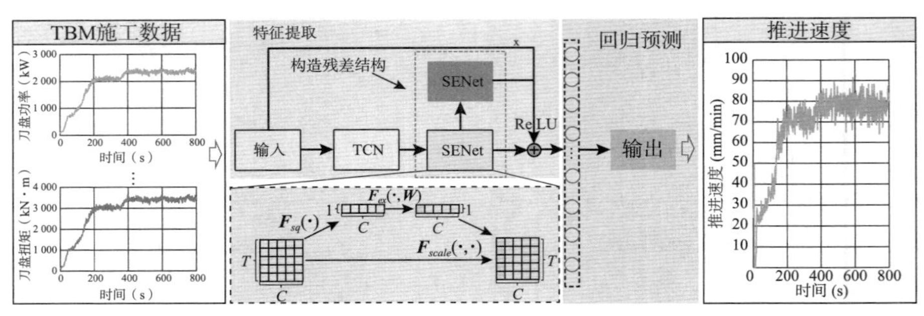

图 7.5　TCN-SENet++ 模型结构

7.2　推进速度预测特征选择

上升段和稳定段是掘进循环的有效数据，有效预测上升段和稳定段的推进速度能够保证当前掘进循环的稳定掘进。大部分掘进循环的有效施工时间大于 800s，加上机器学习模型通常需要等长的输入，综合考虑后，本文选择了每个掘进循环上升段和稳定段总时长的前 800s 数据来探究多步实时预测推进速度的可行性。考虑到计算机性能等原因，本文使用 200 个 TBM 掘进循环进行讨论。本文所选择的数据包含了不同的地质信息（岩性和围岩等级），数据统计如表 2.2 所示。

为了准确预测推进速度，需要选择有效的输入特征。不同于其他研究，本文将推进速度的历史时间步长作为输入预测未来的时间步长，即推进速度为输入特征之一。目前，相关的研究主要选择刀盘扭矩、总推进力和刀盘功率来预测推进速度[119, 134, 135, 227]，然后，通过灰色关联度评价刀盘扭矩、总推进力、刀盘功率和推进速度之间的关系。灰色关联度的值越大，对推进速度的预测越有利。灰色关联度值大于 0.5 表示特征和预测目标之间有很强的关系。如图 7.6 所示，输入特征的灰色关联度值都大于 0.5。最终，基于文献总结，本文将 4 个掘进参数作为输入特征。

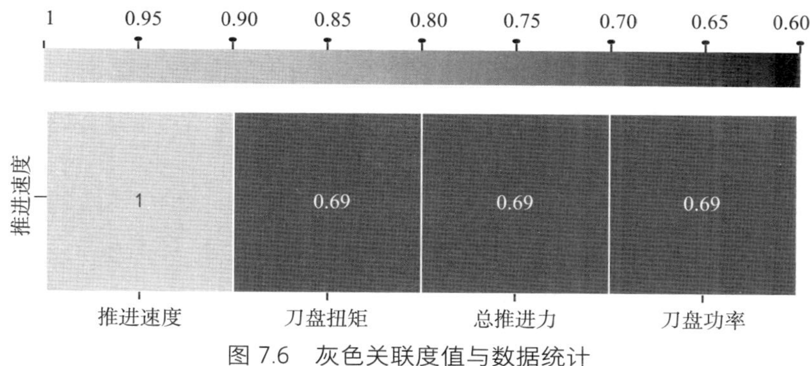

图 7.6　灰色关联度值与数据统计

为了选择有效的时间步长来预测推进速度未来的时间步长，本文尝试以 30s 连续数据为历史时间步长作为输入，实现推进速度多步实时预测。每一个多步实时预测都基于一组 30s 数据，并随着时间依次递增。如图 7.7 所示，本节以奇数步预测为例，即 1 步、3 步、5 步、7 步、9 步。此外，输入数据的历史时间步长并非是无限制的。历史时间步长较短时，模型的性能无法达到上限；历史时间步长较长时，模型无法捕获其与未来时间步长的关系，会导致性能降低。关于输入时间步长的选择，将在后文进行深入分析。

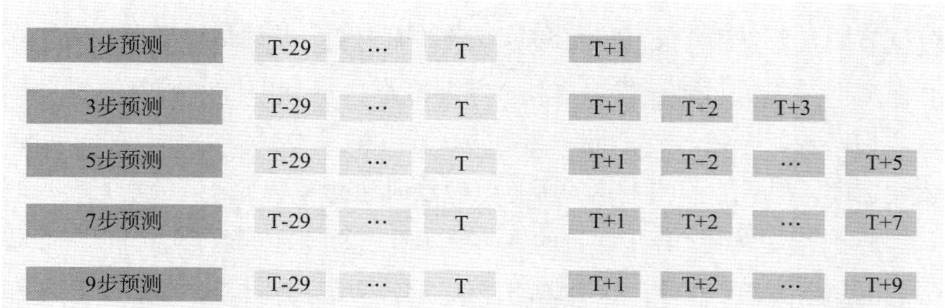

1步预测	T-29	…	T	T+1			
3步预测	T-29	…	T	T+1	T−2	T+3	
5步预测	T-29	…	T	T+1	T−2	…	T+5
7步预测	T-29	…	T	T+1	T+2	…	T+7
9步预测	T-29	…	T	T+1	T+2	…	T+9

图 7.7　多步预测结构

7.3　推进速度预测模型训练与优化

由于本节选用的数据量较大，为了提高模型的预测性能，需增加卷积核个数及网络深度，这会导致优化超参数的过程较为复杂，且时间成本增高。网格搜索算法、随机网格搜索和 TPE 等优化方法不能同时优化多组超参数并停止性能差的超参数组合。为了降低时间成本，本文考虑了异步并行的连续减半算法。

7.3.1 超参数优化方法

不同超参数组合对机器学习模型的性能有重要影响，如学习率、神经元和网络层数等。为了优化超参数，学者们提出了很多算法，如网格搜索算法、随机搜索算法等。不同优化算法有不同的特点和适用条件。如网格搜索算法在参数量较少的情况下，具有较好的适用性；但超参数数量较多且模型训练时间较长时，其适用性降低。随机搜索算法则是从所有超参数组合中随机采样以克服网格搜索算法的缺陷。该方法的理论依据是只要随机采样组合足够多，就能够找到全局最优值[174]。尽管网格搜索算法和随机搜索算法的适用性很广，但其在搜索精度上仍存在一定不足。此外，深度学习模型中一组超参数的训练过程需要长时间的迭代优化，上述方法需要花费较多时间。虽然通过设定早期停止策略可以停止效果较差的超参数组合，但仍然需要较多训练时间。

上述优化算法存在一定局限性，因此，本文考虑使用逐次减半的动态资源分配方法。该方法首先基于所有超参数训练模型，并评估模型在验证集的结果；然后对结果进行第一轮排序，淘汰排在后半部分的性能较差的超参数组合；之后，重复上述过程，最终选出最优超参数[228，229]。尽管该方法能够提升优化速度，但需要等同一轮的所有超参数训练过程全部结束后才能进入下一轮。因此，本文使用了异步并行的连续减半算法，即在当前轮中同时评估进入下一轮的超参数组合[230]。这种策略能够充分利用计算资源，显著提升计算效率。该方法被嵌入基于 Python 语言的 Ray 库[231]中，可以与多种深度学习框架联用，具有较好的兼容性。Ray 库是一种分布式应用程序的框架，拓展性强，可以实现较好的调用以优化基于 PyTorch 框架搭建的深度学习模型，本文所有超参数优化过程均基于 Ray 库。

7.3.2 超参数优化范围

结合文献，目前针对推进速度多步实时预测领域，各学者主要考虑了循环神经网络（RNN）模型和变体 RNN 模型，分别为长短期记忆（LSTM）和门控循环单元（Gate Recurrent Unit，GRU）模型。考虑到 RNN 模型的特点，本研究超参数分别优化隐含层神经元数量、隐含层个数和学习率，具体的超参数优化范围如表 7.1 所示。

表 7.1 基于 RNN 模型的超参数优化范围

超参数	优化范围
神经元数量	[32，64，128]
隐含层个数	[1，2，3]
学习率	[0.004~0.01]

TCN、TCN-SENet+ 和 TCN-SENet++ 模型的优化思路同文献［224］一样，超参数主要优化卷积核大小、卷积层数、卷积层通道数（也可以称为特征图数量）和学习率。为了方便计算，这里将 TCN 模型中的全连接层神经元数量与卷积层通道数设为一致。依据 TBM 施工数据集的特点及通道数，将 TCN 模型中 Dropout 层的参数设定为 0.2。基于 TCN 模型的超参数优化范围如表 7.2 所示。

表 7.2 基于 TCN 模型的超参数优化范围

超参数	优化范围	超参数	优化范围
卷积核大小	[2，3，4，5，6]	卷积层通道数	[32，64，128]
卷积层数	[3，4，5，6]	学习率	[0.004~0.01]

基于最优超参数，将所有模型的训练周期（训练迭代次数）设定为 200，批处理大小为 100，损失函数为均方误差（MSE）。为了防止模型过拟合（过拟合通常为训练集性能优异，测试集性能差），本文将早停法[176]用于模型的训练过程，即模型训练迭代 20 个周期后，若损失函数仍没有下降则终止训练。模型的整个训练流程如图 7.8 所示。训练集、验证集和测试集的比例分别为 60%、20% 和 20%。训练集用于调试神经网络，验证集用于分析优化后模型的

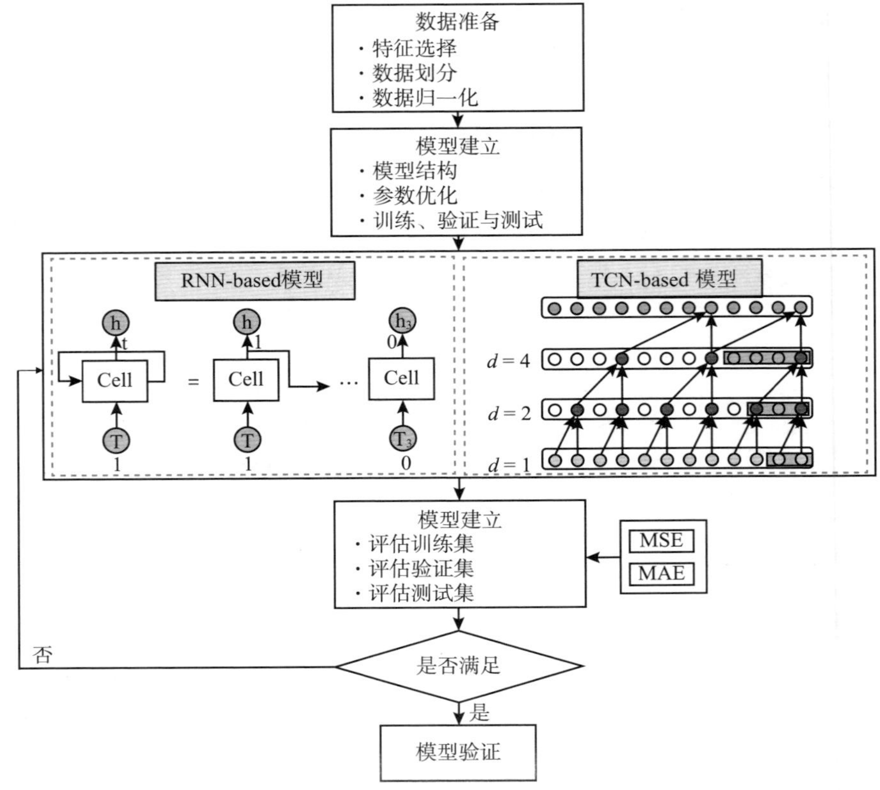

图 7.8　推进速度多步实时预测建模流程图

结果，测试集用于评估模型预测推进速度的性能。

7.4　不同推进速度预测模型性能对比

为了评估不同模型在推进速度多步预测方面的性能，本文分别比较了 6 个模型在训练集、验证集和测试集的结果。各模型在训练集的预测结果如表 7.3 所示，从训练集的结果中可以看出，TCN 和 TCN–SENet++ 模型的预测效果最优。TCN 模型在 1 步、7 步和 9 步中的预测结果最好，TCN–SENet++ 模型在 3 步和 5 步的预测效果最好。

对比基于 RNN 的模型可以看出，RNN 模型的效果最差，GRU 模型的效果最好。对比平均 MSE 和 MAE，基于 TCN 模型的预测精度优于基于 RNN 模

表 7.3 不同模型在多个特征的训练集上的比较

模型	评价指标	1 步预测	3 步预测	5 步预测	7 步预测	9 步预测	均值
RNN	MSE	22.857	19.439	22.232	23.958	32.882	24.274
	MAE	3.670	3.330	3.533	3.665	4.295	3.699
LSTM	MSE	15.327	18.558	20.299	22.072	25.017	20.255
	MAE	2.996	3.257	3.382	3.517	3.740	3.378
GRU	MSE	15.136	18.256	21.696	22.968	24.379	20.487
	MAE	2.982	3.231	3.507	3.591	3.700	3.402
TCN	MSE	14.877	17.282	20.29	21.848	23.335	19.526
	MAE	2.957	3.163	3.391	3.505	3.617	3.327
TCN–SENet+	MSE	15.782	17.920	20.208	22.880	23.710	20.100
	MAE	3.046	3.225	3.386	3.580	3.658	3.379
TCN–SENet++	MSE	15.272	16.282	19.517	22.202	23.741	19.403
	MAE	2.995	3.078	3.334	3.531	3.641	3.316

型的预测精度，TCN–SENet++ 模型的性能最优，MSE 和 MAE 分别为 19.403 和 3.316。基于 RNN 的模型中 LSTM 的性能最优，平均 MSE 和 MAE 分别为 20.255 和 3.378。

如表 7.4 所示，从验证集的预测结果中可以看出，TCN–SENet++ 模型的预测结果最好，其次是 TCN 模型。GRU 模型相较于 RNN 和 LSTM 模型，同样表现出最优的性能。特别地，GRU 模型在 1 步预测中效果最优，MSE 为 16.118，MAE 为 3.034。同样地，对比验证集的平均 MSE 和 MAE，TCN–SENet++ 模型的性能最优，MSE 和 MAE 分别为 22.229 和 3.470。对比基于 RNN 的模型，GRU 模型的性能最优，平均 MSE 和 MAE 分别为 22.845 和 3.518。

不难发现，TCN–SENet++ 模型在训练集和验证集中具有较好的预测性能。为了进一步检验模型的泛化能力，本文对比了模型在测试集上的性能，如表 7.5 所示。1 步预测中 GRU 模型的性能最优，MSE 为 17.252，MAE 为 3.101。3 步、5 步、7 步和 9 步预测中 TCN–SENet++ 模型的性能最优。总体而言，对于基于 RNN 的模型，GRU 模型的性能最优，其次是 LSTM 模型，RNN 模型的泛化能力最差，尤其是 9 步预测，MSE 为 36.703，MAE 为 4.412。对比基

表 7.4　不同模型在多个特征的验证集上的比较

模型	评价指标	1 步预测	3 步预测	5 步预测	7 步预测	9 步预测	均值
RNN	MSE	23.640	21.470	25.123	27.083	34.254	26.314
	MAE	3.662	3.456	3.691	3.809	4.301	3.784
LSTM	MSE	16.900	20.419	24.344	26.607	29.023	23.459
	MAE	3.087	3.358	3.604	3.760	3.916	3.545
GRU	MSE	16.118	19.741	23.856	25.843	28.669	22.845
	MAE	3.034	3.313	3.620	3.724	3.900	3.518
TCN	MSE	16.567	19.746	23.008	25.182	26.763	22.253
	MAE	3.069	3.314	3.524	3.667	3.675	3.450
TCN–SENet+	MSE	16.975	20.400	23.360	25.468	27.481	22.737
	MAE	3.109	3.376	3.558	3.697	3.826	3.513
TCN–SENet++	MSE	16.783	19.560	22.840	25.199	26.763	22.229
	MAE	3.094	3.297	3.508	3.676	3.775	3.470

表 7.5　不同模型在多个特征的测试集上的比较

模型	评价指标	1 步预测	3 步预测	5 步预测	7 步预测	9 步预测	均值
RNN	MSE	24.639	22.821	26.212	28.672	36.703	27.809
	MAE	3.687	3.503	3.713	3.846	4.412	3.832
LSTM	MSE	17.977	21.884	25.686	28.593	31.023	25.033
	MAE	3.159	3.420	3.646	3.808	3.952	3.597
GRU	MSE	17.252	21.366	25.158	27.508	30.53	24.363
	MAE	3.101	3.385	3.641	3.778	3.926	3.566
TCN	MSE	17.319	21.017	24.615	26.848	29.123	23.784
	MAE	3.114	3.372	3.570	3.698	3.834	3.518
TCN–SENet+	MSE	17.948	21.417	24.813	26.812	29.269	24.052
	MAE	3.180	3.417	3.604	3.734	3.866	3.560
TCN–SENet++	MSE	17.838	20.762	24.099	26.793	28.282	23.555
	MAE	3.156	3.343	3.548	3.704	3.802	3.511

于 RNN 的模型，GRU 的性能最优，平均 MSE 和 MAE 分别为 24.363 和 3.566。验证集和测试集中，GRU 的性能均优于 RNN 和 LSTM 模型。也就是说，GRU

模型在推进速度多步预测方面具有比其他两个模型更优的预测性能。对比 TCN 和 TCN-SENet+ 模型，整体上 TCN 模型性能更优。原因是 SENet 增加了模型的计算复杂度，使 TBM 时序数据之间的关联性降低，导致了模型性能降低。TCN-SENet++ 模型通过加入一个残差结构，实现了跨层的信息传递，提高了模型的泛化能力。随着预测步数的增加，不同模型的预测误差均增大。对比平均 MSE 和 MAE，RNN 模型的效果最差，其次是 LSTM 模型，GRU 模型的预测性能则优于 RNN 和 LSTM 模型。TCN-SENet++ 模型的预测性能优于 TCN 和 TCN-SENet++ 模型。此外，本节计算了 1 步、3 步、5 步、7 步、9 步中测试集的 R^2，分别为 0.775、0.737、0.691、0.659 和 0.632，整体而言，R^2 的数据规律与 MAE 和 MSE 相似。

为了更直观地对比所提出的模型在测试集中的性能，本文分析了模型在不同预测步数上的误差分布，以 5 步和 9 步的预测为例。箱型图可以反映数据的分布特征，用于比较不同模型在预测推进速度方面的性能。MAE 是针对测试集中的每个掘进循环计算的。图 7.9 显示了不同模型的 MAE 数据分布。与基于 TCN 的模型相比，基于 RNN 的模型具有更大的误差。SENet 中的全连接层增加了计算的复杂性，使 TCN 模型本身的性能变差。总的来说，本文提出的模型具有较小的 MAE。接下来，本文分析了测试集中每个掘进循环的预测误差。

为了对比每个掘进循环的误差以进一步分析模型的差异性，图 7.10 显示

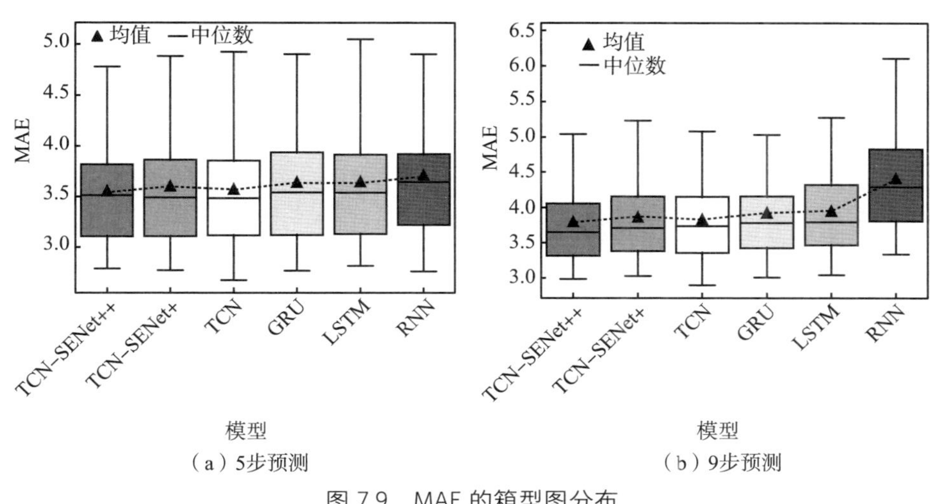

（a）5步预测　（b）9步预测

图 7.9　MAE 的箱型图分布

了 5 步预测和 9 步预测的每个掘进循环的 MAE。矩形的颜色越深，MAE 的值就越大。观察后发现，所有模型在第 25 号、第 28~31 号掘进循环的 MAE 都很高。进一步分析发现，第 25 号、第 28~31 号掘进循环的推进速度的标准差明显高于其他掘进循环。具体可以归结为，复杂的地质条件导致掘进参数变化较

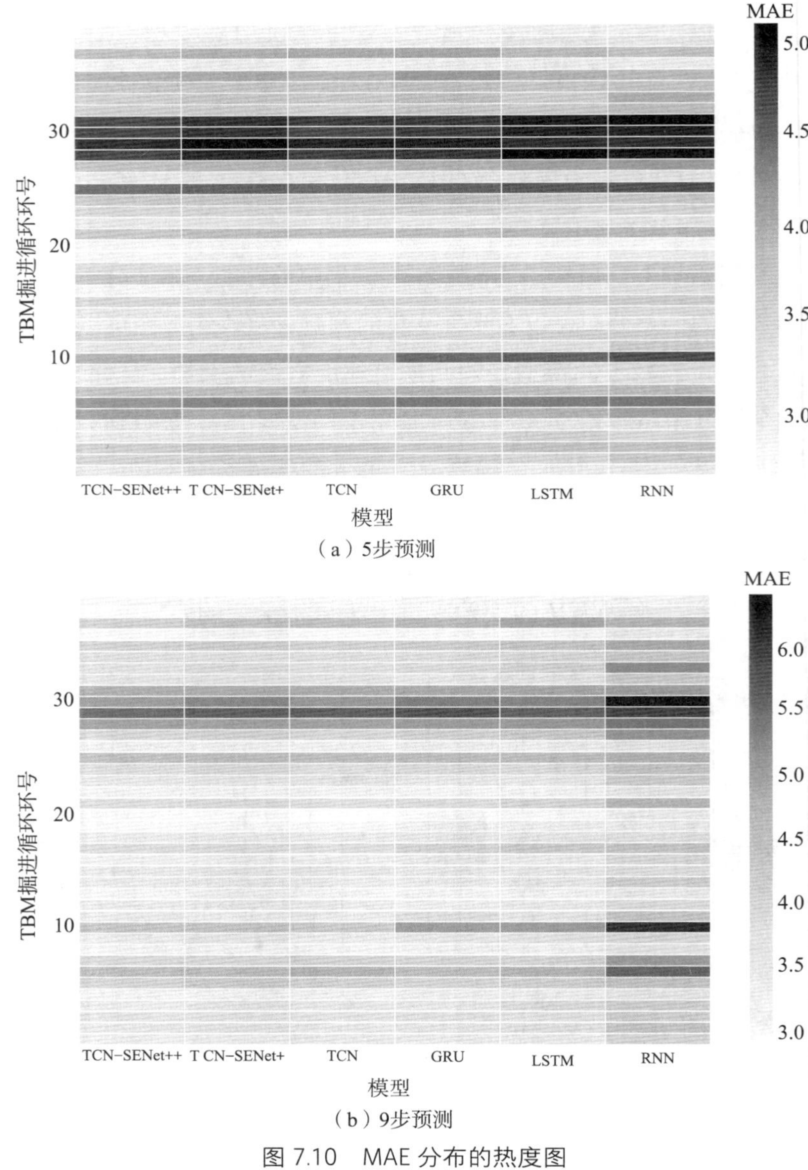

（a）5步预测

（b）9步预测

图 7.10　MAE 分布的热度图

大，进而导致数据的离散性变大。对于模型预测而言，复杂地质条件下捕获的TBM数据之间的关联性是复杂的，针对这种情况，减少预测步长是最佳选择。

本节以测试集的第40号掘进循环为例，直观地展示了TCN-SENet++模型的预测结果。测试集中的数据是在数据集中随机选择的，没有时间和空间的顺序分布。如图7.11所示，预测值与推进速度的真实值具有相似的趋势。这

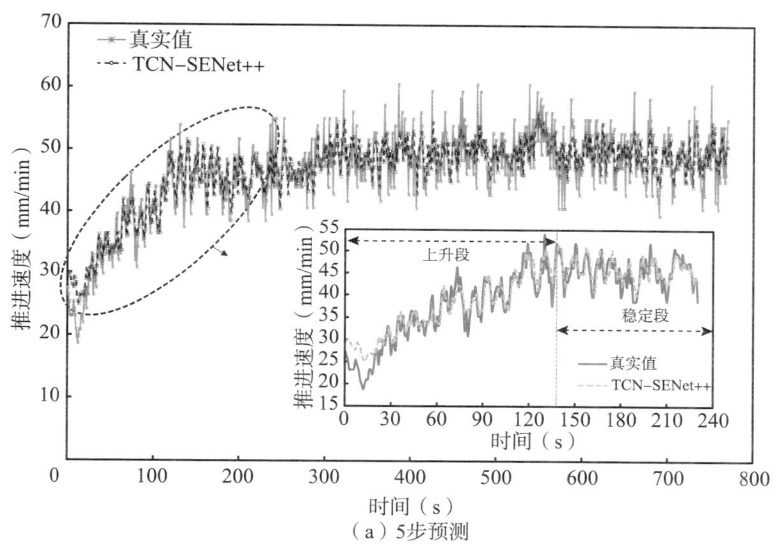

（a）5步预测

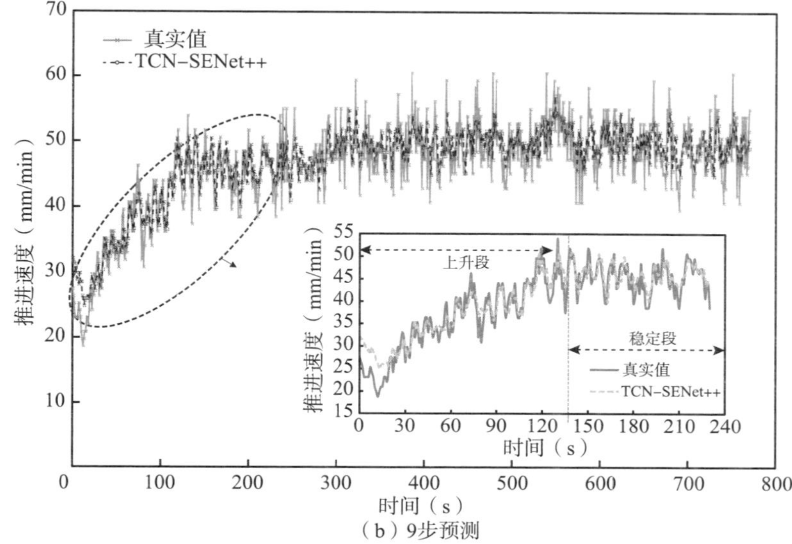

（b）9步预测

图7.11 真实值和预测值的推进速度比较

表明，基于 TBM 施工历史数据的推进速度多步实时预测可以提供较为可靠的数值参考。

为了进一步分析模型的适用性，本文对 40 号掘进循环的前 240s（该掘进循环的上升段）和整个掘进循环的 R^2 进行了分析，如图 7.12 和图 7.13 所示。上升段的 R^2 大于 0.87，说明模型可以学习上升段的数据规律，从而帮助操作人员设定推进速度。上升段整个过程是需要动态调整的，操作人员通常需要参考众多因素，包含电流、渣片、护盾压力和一些附属参数。从图中可以看出所提出的模型可以有效地预测 TBM 掘进循环上升段的动态过程。

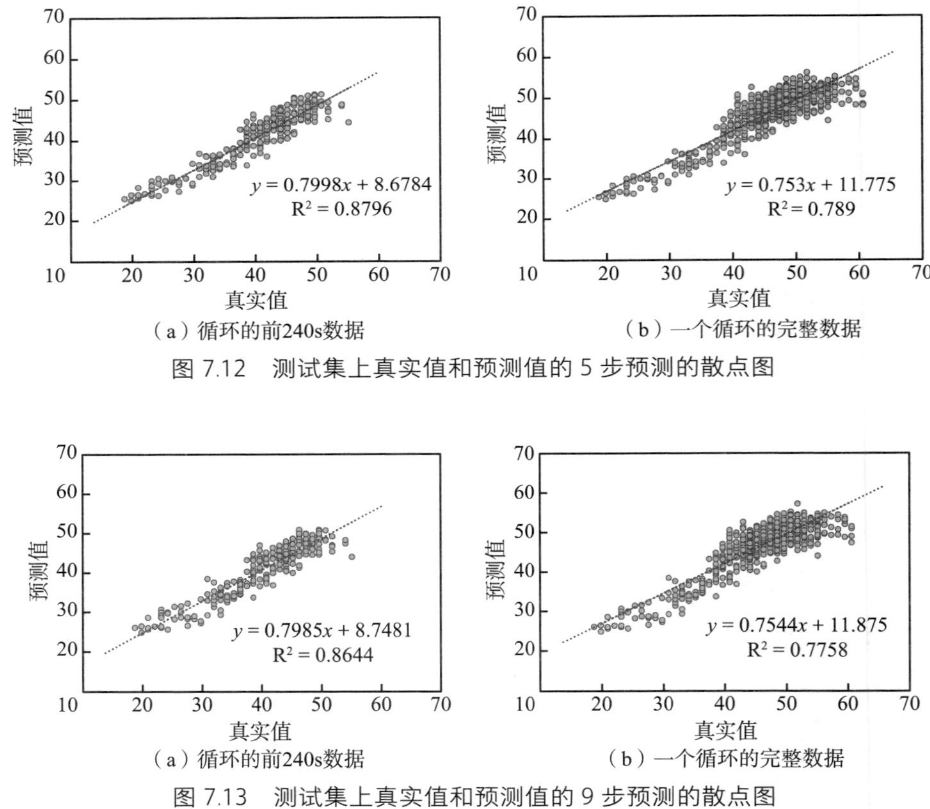

（a）循环的前240s数据　（b）一个循环的完整数据

图 7.12　测试集上真实值和预测值的 5 步预测的散点图

（a）循环的前240s数据　（b）一个循环的完整数据

图 7.13　测试集上真实值和预测值的 9 步预测的散点图

基于上升段确定了推进速度后，TBM 将以一个较为稳定的数值进行掘进。稳定段的推进速度通常较高，TBM 破岩过程中机体的振动频率增加，因此数据的离散性很高，这会导致预测结果的 R^2 降低。在实际工作现场中，掘进循环稳定段大部分情况下不需要进行调整，但部分情况下，掌子面前方的岩体发生较大变化时，操作人员需依据电流、刀盘扭矩和渣片等变化调整刀盘转速和推进速度。TBM 破岩过程中稳定段振动频率大是导致推进速度预测效果差的重要原因。

7.5 推进速度预测讨论与分析

如上所述，本文基于多个特征预测推进速度未来的时间步，接下来，本文将探讨仅基于推进速度历史数据预测未来时间步，以分析多特征与单个特征对结果的影响。此外，本文将讨论当计算机性能受到限制时，单个特征的预测性能能否满足工程需求。为了进一步分析 SENet 对 TCN 模型的影响，本文将对训练过程中模型的损失函数进行分析。输入的时间步长度不同对推进速度预测的结果也存在差异，本节探讨了不同输入步长，以便选择更合适的输入步长。本文提出的模型在推进速度多步实时预测中具有良好的适用性，因此，本文将探究该模型对内蒙古某 TBM 引水工程的适用性。

7.5.1 基于推进速度历史时间步预测未来时间步

为了进一步对比基于多个特征预测推进速度的必要性，本小节仅通过推进速度的历史时间步来预测推进速度未来的时间步。表 7.6 展示了基于测试集评估模型泛化能力的结果，可以看出，TCN-SENet++ 模型在推进速度多步预测方面性能均最优。在测试集中，TCN-SENet++ 模型的平均 MSE 和平均 MAE 分别为 24.234、3.576，对比表 7.5，仅基于推进速度的历史时间步来预测未来时间步准确率较低。如在 9 步预测中，TCN-SENet++ 模型在多特征下的 MSE 为 28.282，MAE 为 3.802；在单特征下，MSE 为 29.672，MAE 为 3.893。TCN-SENet++ 模型在考虑刀盘扭矩、总推进力和刀盘功率下明显具有更优的预测结果。因此，当计算机满足其计算需求时，预测推进速度建议考虑刀盘扭矩、总推进力和刀盘功率作为辅助特征。

表 7.6　不同模型在单一特征的测试集上的比较

模型	评价指标	1 步预测	3 步预测	5 步预测	7 步预测	9 步预测	均值
RNN	MSE	25.904	28.558	26.773	31.181	37.473	29.978
	MAE	3.856	3.950	3.744	3.954	4.442	3.989
LSTM	MSE	18.200	23.086	26.421	29.196	31.845	25.750
	MAE	3.180	3.513	3.700	3.852	3.987	3.646
GRU	MSE	18.047	22.357	25.807	28.347	31.32	25.176
	MAE	3.157	3.475	3.670	3.848	3.960	3.622
TCN	MSE	18.032	21.945	25.592	28.306	29.694	24.714
	MAE	3.189	3.450	3.653	3.830	3.893	3.603
TCN–SENet+	MSE	17.994	22.144	25.503	27.789	30.233	24.733
	MAE	3.187	3.478	3.667	3.798	3.926	3.611
TCN–SENet++	MSE	17.849	21.509	24.6	27.539	29.672	24.234
	MAE	3.172	3.421	3.615	3.782	3.893	3.576

7.5.2　时间消耗、损失函数、输入历史时间步长分析

本小节将对比不同模型的平均训练时间，以评估优化模型性能的时间成本。如图 7.14 所示，RNN 模型的平均训练时间最短，为 316.718s，其次是 GRU 模型，训练时间为 363.162s。RNN 模型以 TBM 施工数据为输入，利用网络本身的链式结构，使其具有记忆功能，提取 TBM 施工数据之间的特点。但 RNN 模型在长距离时间序列预测问题上的预测效果不佳。相较于 RNN 模型，

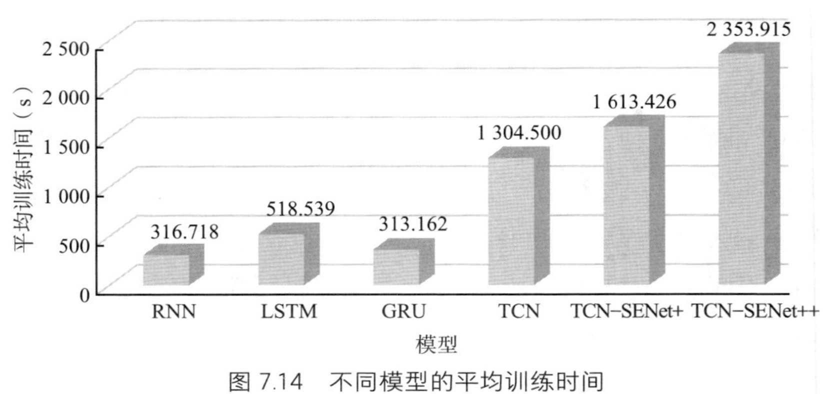

图 7.14　不同模型的平均训练时间

LSTM 模型引入了 3 个门控单元（遗忘门、输入门和输出门），以保证训练的稳定性，因此 LSTM 模型的训练时间更长。GRU 模型是 LSTM 模型的变体，只引入了两个门控单元，所以 GRU 的训练时间比 RNN 模型多，但比 LSTM 模型少。

基于 TCN 的模型的训练时间比基于 RNN 的模型高很多，TCN 模型需要较多的卷积层数和通道数以提取 TBM 施工数据历史信息。相较于 TCN 模型，TCN–SENet++ 模型有两个 SENet，SENet 的全连接层包含了更多的参数，增加了训练时间，平均训练时间为 2 353.915s。虽然 TCN–SENet++ 模型的性能最好，但具有较高的时间成本。

本文中所采用的 SENet 通过最小化损失函数来计算 TCN 模型中特征通道之间的权重，因此需要分析 TCN、TCN–SENet+ 和 TCN–SENet++ 模型训练过程中损失函数的变化以了解模型的训练过程。从图 7.15 中可以看出，TCN 模型在训练的初始阶段损失函数值最大，而 TCN–SENet+ 和 TCN–SENet++ 模型的损失函数值小于 TCN 模型。这说明 SENet 可以有效增强与预测推进速度相关的特征通道，进而提高模型性能。与 TCN 模型相比，TCN–SENet+ 模型的误差在训练后期有所增加，这是因为 TCN–SENet+ 模型中网络层数的增加导致了模型的退化，降低了历史时间步与未来时间步的关联性。而构造一个残差结构在提取 TBM 施工数据之间的深层次信息时可明显地减少信息丢失。

如图 7.16 所示，为了探讨不同的时间步长对推进速度多步预测的影响，本文基于测试集对比了 TCN–SENet++ 模型将不同时间步长（如 15s、30s 和

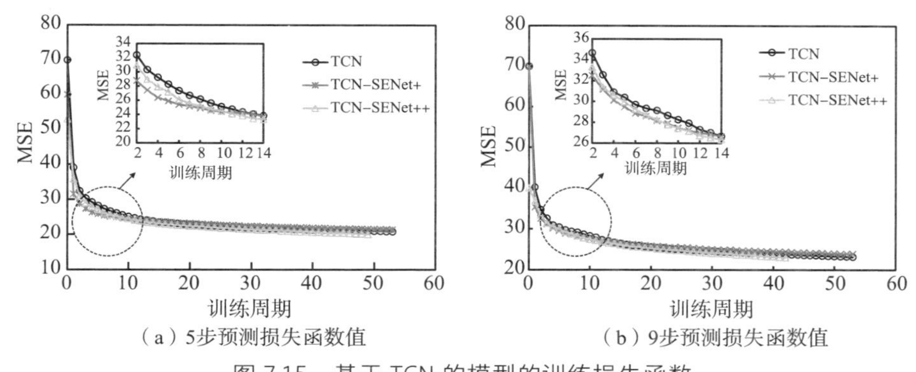

图 7.15　基于 TCN 的模型的训练损失函数

45s）作为输入的平均 MSE 和平均 MAE。MSE 的值越大，表明模型的预测效果越差。相较于时间步长为 15s 时，时间步长为 30s 时模型的 MSE 降低了 4%。与时间步长为 30s 时相比，时间步长为 60s 时模型的 MSE 提高了 0.06%。通过数据曲线分析得出，输入的时间步长为 15~33s 时，模型性能随着时间步长的增加而提高，而输入的时间步长为 33~45s 时，模型的性能随时间步长的增加而降低。可见，本文所提出的模型在处理长时间序列数据（时间步长超过 33s）、实现推进速度的多步实时预测方面有待进一步优化。掘进循环在上升段和稳定段中的参数变化有较大差异，尤其是上升段，需随着时间进行动态调整，该过程对滚刀载荷有重要影响。此外，面对复杂地质条件时 TBM 掘进参数存在较大波动，这会导致预测值与真实值存在较大差异。因此，选择合适的时间步长作为输入从而保证模型性能以降低误差，最大限度地保证 TBM 施工过程的效率与安全。

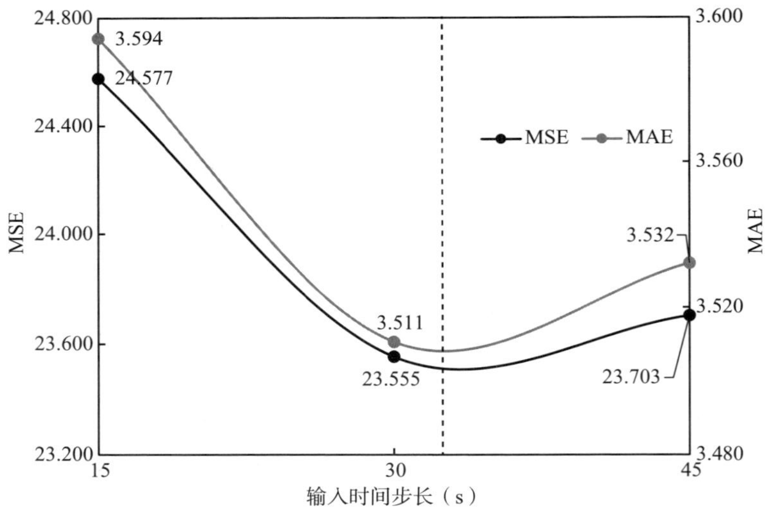

图 7.16　使用 TCN-SENet++ 模型的不同时间步长的 MSE 和 MAE

7.5.3　推进速度多步实时预测模型验证

为了验证推进速度多步实时预测模型的泛化性能，本节基于内蒙古某 TBM 工程数据进行评估。该工程中未收集到刀盘功率，因此，将推进速度、刀盘扭矩和总推进力作为输入特征。吉林某 TBM 工程数据中的 200 个掘进循环将被作为训练数据以重新训练模型，内蒙古某 TBM 工程数据中共计 40 个掘进循环，这些数据将作为测试数据。内蒙古某 TBM 工程中主要是Ⅱ类围岩，岩性为凝灰岩。

表 7.7 评估了 6 个模型的性能，即基于已开挖的吉林某 TBM 工程数据建立的模型，探究将其直接应用到内蒙古某 TBM 工程数据中的可行性。TCN 模型在 1 步预测中的表现最好，GRU 模型在 3 步预测中的表现最好。本文提出的 TCN-SENet++ 模型在 5 步、7 步和 9 步预测中具有最佳性能。比较平均 MSE 和 MAE，TCN-SENet++ 模型具有最优性能，分别为 16.908 和 3.217。可以得出结论，基于吉林某 TBM 工程数据所建立的推进速度多步实时预测模型可以用于新工程。

表 7.7　基于新工程的推进速度预测模型验证

模型	评价指标	1 步预测	3 步预测	5 步预测	7 步预测	9 步预测	均值
RNN	MSE	20.489	20.085	21.917	21.666	23.719	21.575
	MAE	3.532	3.499	3.645	3.675	3.804	3.631
LSTM	MSE	17.144	16.485	20.274	18.340	22.062	18.681
	MAE	3.206	3.183	3.546	3.343	3.720	3.399
GRU	MSE	14.621	15.887	20.163	21.635	23.514	19.164
	MAE	2.992	3.107	3.545	3.665	3.852	3.432
TCN	MSE	13.506	16.826	19.289	20.187	22.262	18.414
	MAE	2.876	3.206	3.437	3.527	3.721	3.353
TCN-SENet+	MSE	14.732	16.745	20.260	19.138	19.347	18.044
	MAE	3.000	3.200	3.521	3.428	3.449	3.319
TCN-SENet++	MSE	14.367	16.599	16.969	17.793	18.812	16.908
	MAE	2.956	3.176	3.229	3.312	3.414	3.217

为了探究不同模型在内蒙古某 TBM 工程数据预测中的误差以了解模型的适用性，本文以 5 步预测和 9 步预测为例分析了 TCN-SENet++ 模型的预测结果。如图 7.17 所示，与基于 TCN 的模型相比，新工程中基于 RNN 模型的

MAE 明显较大。相对而言，LSTM 和 GRU 的性能更优一些。与 RNN、LSTM 和 GRU 模型相比，应优先考虑 TCN 模型。TCN 模型与 SENet 相结合，增加了模型的不稳定性，TCN–SENet+ 模型在 5 步预测中的误差分布明显大于 TCN 模型，但 TCN–SENet++ 模型的残差结构能够降低模型的不稳定性，提高模型性能，第一个 SENet 增强了 TCN 模型中对预测推进速度有利的特征通道，第二个 SENet 再次对 TCN 模型有用的特征通道进行了信息增强。

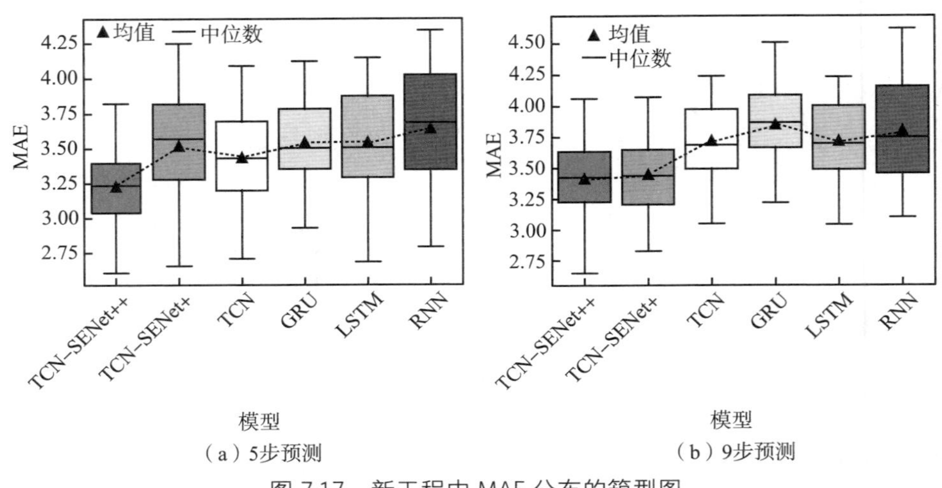

图 7.17　新工程中 MAE 分布的箱型图

为了进一步分析预测每个掘进循环的预测误差，本文对内蒙古某 TBM 工程中每个掘进循环的 MAE 进行了分析。如图 7.18 所示，在 5 步预测中，除了 TCN–SENet++ 模型，其他模型的 MAE 均较高。TCN–SENet++ 模型可以明显降低预测误差。在 9 步预测中，虽然 TCN–SENet++ 和 TCN–SENet+ 模型在第 1~30 号掘进循环中的预测值相似，但在第 31~40 号掘进循环中，TCN–SENet++ 模型的预测性能明显优于 TCN–SENet+ 模型。TCN–SENet++ 模型在 SENet 的基础上增加了一个残差结构，可以有效提高模型性能。模型验证所选用的 40 个掘进循环的地质条件是相似的，即相同的围岩等级（均为Ⅱ类）和相同的岩性（均为凝灰岩）。基于数据分析发现，误差较大的掘进循环，推进速度的标准差明显偏大（误差较大的掘进循环其推进速度的标准差大于 10）。

本文进一步分析了两个工程输入特征的数据分布，探讨了模型应用需考

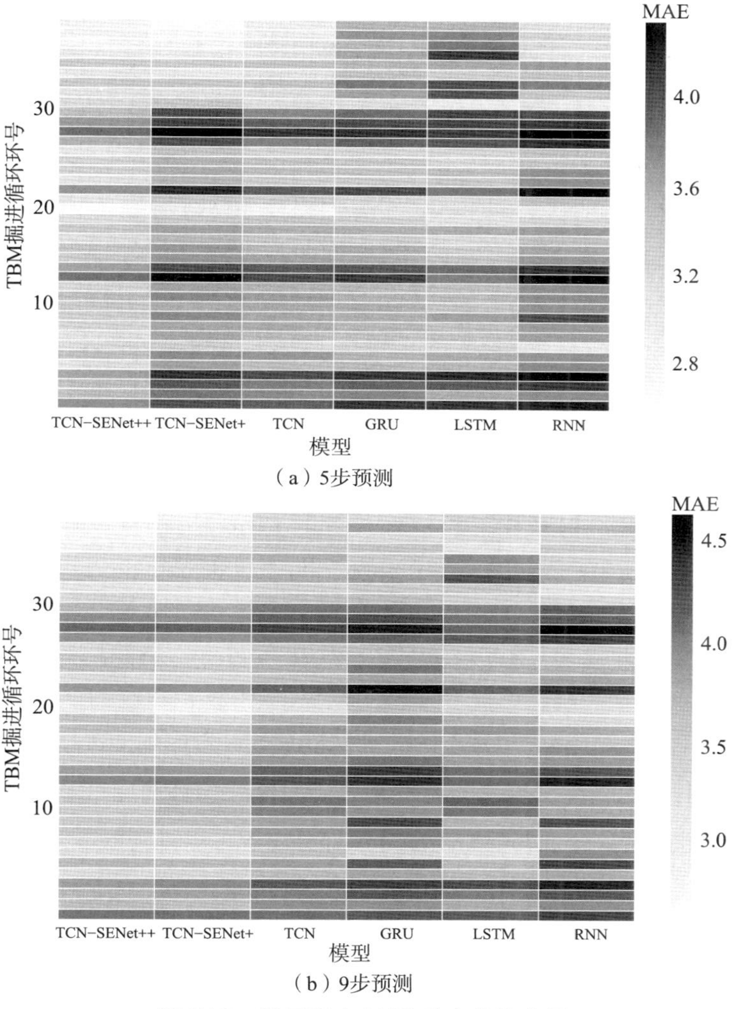

（a）5步预测

（b）9步预测

图 7.18　新工程中 MAE 分布的热度图

虑的问题。数据分布通常可以用核密度估计来比较，本文利用核密度估计比较了两个工程的数据集的差异性，如图 7.19 所示。很明显，两个工程的 TBM 施工数据都偏正态分布。吉林某 TBM 工程中包含Ⅱ类围岩，说明用于训练的吉林某 TBM 工程的施工数据区间包含内蒙古某 TBM 工程的数据区间，这在图 7.19 中可以得到验证。模型应用于新工程时，新工程的数据区间应包含在已开挖工程的数据区间内。

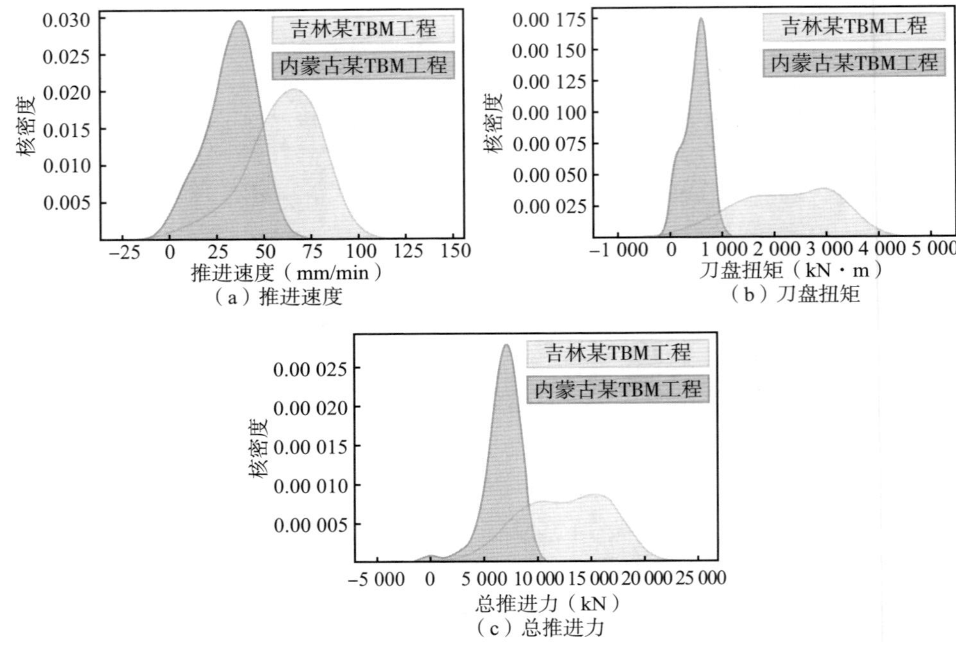

（a）推进速度
（b）刀盘扭矩
（c）总推进力

图 7.19　基于核密度估计的两个工程的数据分布

推进速度是 TBM 施工过程中的关键掘进参数，考虑到推进速度的时序性和数据波动大的特点，本部分提出了一种基于时序卷积神经网络和 SENet 网络的多步实时推进速度混合预测模型，综合本部分内容可以得到以下结论。

①本文提出的 TCN-SENet++ 推进速度预测模型考虑了长序列时间步长输入且实时多步预测的特点，其性能优于长短期记忆网络、门控循环神经网络和时序卷积神经网络等 5 个模型。SENet 网络可以增强时序卷积神经网络性能，基于 SENet 网络构造的残差结构实现了跨层之间的信息传递，能有效改善预测推进速度的性能。TBM 在稳定段的振动频率增加，导致数据的离散性较大，因此模型上升段预测结果优于稳定段，预测误差大的掘进循环其推进速度的标准差明显偏大。

②当输入时间步长小于 30s 时，所提出的模型预测性能低，但输入时间步长大于 33s 时，所提出的模型建立历史时间步与推进速度未来时间步之间的关联比较困难。推进速度模型验证表明，新工程输入特征的数据区间包含在已开挖隧道的数据区间内时，已建立的模型可以直接应用于新工程，实现推进速度

多步预测。

③本文以吉林某 TBM 工程作为训练数据直接预测内蒙古某 TBM 工程中的推进速度，不同刀盘直径及滚刀数量对预测的影响未深入分析，因此，未来可结合隧道直径及 TBM 设备本身进行深入探究。此外，由于计算机性能受限，推进速度预测中所使用的数据集仅包含 200 个掘进循环，模型需要更多的数据进行训练学习。

参考文献

[1] 洪开荣. 我国隧道及地下工程发展现状与展望[J]. 隧道建设，2015（2）：95–107.

[2] 王梦恕. 中国铁路、隧道与地下空间发展概况[J]. 隧道建设，2010，30（4）：351–364.

[3]《中国公路学报》编辑部. 中国交通隧道工程学术研究综述·2022[J]. 中国公路学报，2022，35（4）：1–40.

[4] 徐鹏. 深部复合岩层流变力学行为及其对TBM卡机灾害影响机理研究[D]. 中国矿业大学，2018.

[5] Ocak I，Bilgin N. Comparative studies on the performance of a roadheader，impact hammer and drilling and blasting method in the excavation of metro station tunnels in Istanbul[J]. Tunnelling and Underground Space Technology，2010，25（2）：181–187.

[6] Yagiz S，Gokceoglu C，Sezer E，et al. Application of two non-linear prediction tools to the estimation of tunnel boring machine performance[J]. Engineering Applications of Artificial Intelligence，2009，22（4）：808–814.

[7] 赵录学. 城市轨道交通工程TBM选型分析研究[J]. 现代隧道技术，2013，50（2）：7–13，33.

[8] 凌静秀. 空间分布载荷下TBM刀盘振动分析及寿命预测[D]. 大连：大连理工大学，2015.

[9] 彭道富，李忠献. 特长隧道TBM掘进施工技术研究[J]. 岩土工程学报，2003，25（2）：179–183.

[10] Zhao Y，Gong Q，Tian Z，et al. Torque fluctuation analysis and penetration prediction of EPB TBM in rock-soil interface mixed ground [J]. Tunnelling and Underground Space Technology，2019，91：103002.

[11] Rostami J. Performance prediction of hard rock Tunnel Boring Machines (TBMs) in difficult ground [J]. Tunnelling and Underground Space Technology，2016，57：173-182.

[12] Paltrinieri E，Sandrone F，Dudt J P，et al. Probabilistic simulations of TBM tunnelling in highly fractured and faulted rocks [J]. Tunnelling and Underground Space Technology，2016，57：183-194.

[13] Li J，Jing L，Zheng X，et al. Application and outlook of information and intelligence technology for safe and efficient TBM construction [J]. Tunnelling and Underground Space Technology，2019，93：103097.

[14] 杨剑锋，乔佩蕊，李永梅，等. 机器学习分类问题及算法研究综述 [J]. 统计与决策，2019，35（6）：36-40.

[15] 王超. TBM 岩机映射关系及其优化决策方法研究 [D]. 杭州：浙江大学，2018.

[16] Sun W，Shi M，Zhang C，et al. Dynamic load prediction of tunnel boring machine (TBM) based on heterogeneous in-situ data [J]. Automation in Construction，2018，92：23-34.

[17] Zhang Q，Liu Z，Tan J. Prediction of geological conditions for a tunnel boring machine using big operational data [J]. Automation in Construction，2019，100：73-83.

[18] 侯少康，刘耀儒，张凯. 基于 IPSO-BP 混合模型的 TBM 掘进参数预测 [J]. 岩石力学与工程学报，2020，39（8）：1648-1657.

[19] 朱梦琦，朱合华，王昕，等. 基于集成 CART 算法的 TBM 掘进参数与围岩等级预测 [J]. 岩石力学与工程学报，2020，39（9）：1860-1871.

[20] 王心语. 基于多算法融合的 TBM 岩 - 机作用模型与优化决策方法研究 [D]. 武汉：武汉大学，2021.

[21] 刘欢. 引松工程 TBM 掘进数据特征分析 [D]. 北京：北京交通大学，

2021.

[22] Xu C, Liu X, Wang E, et al. Prediction of tunnel boring machine operating parameters using various machine learning algorithms [J]. Tunnelling and Underground Space Technology, 2021, 109: 103699.

[23] Xiao H, Chen Z, Cao R, et al. Prediction of shield machine posture using the GRU algorithm with adaptive boosting: A case study of Chengdu Subway project [J]. Transportation Geotechnics, 2022, 37: 100837.

[24] Zhao J, Shi M, Hu G, et al. A Data-Driven Framework for Tunnel Geological-Type Prediction Based on TBM Operating Data [J]. IEEE Access, 2019, 7: 66703-66713.

[25] Yu H, Tao J, Qin C, et al. Rock mass type prediction for tunnel boring machine using a novel semi-supervised method [J]. Measurement, 2021, 179: 109545.

[26] Fu X, Zhang L. Spatio-temporal feature fusion for real-time prediction of TBM operating parameters: A deep learning approach [J]. Automation in Construction, 2021, 132: 103937.

[27] Wu Z, Wei R, Chu Z, et al. Real-time rock mass condition prediction with TBM tunneling big data using a novel rock-machine mutual feedback perception method [J]. Journal of Rock Mechanics and Geotechnical Engineering, 2021, 13 (6): 1311-1325.

[28] Xiao H-H, Yang W-K, Hu J, et al. Significance and methodology: Preprocessing the big data for machine learning on TBM performance [J]. Underground Space, 2022, 7 (4): 680-701.

[29] Yang H, Song K, Zhou J. Automated recognition model of geomechanical information based on operational data of tunneling boring machines [J]. Rock Mechanics and Rock Engineering, 2022, 55 (3): 1499-1516.

[30] Shan F, He X, Jahed Armaghani D, et al. Success and challenges in predicting TBM penetration rate using recurrent neural networks [J]. Tunnelling and Underground Space Technology, 2022, 130: 104728.

[31] Yin X, Huang X, Pan Y, et al. Point and interval estimation of rock mass boreability for tunnel boring machine using an improved attribute-weighted deep belief network [J]. Acta Geotechnica, 2022.

[32] Liu Q, Liu J, Pan Y, et al. A wear rule and cutter life prediction model of a 20-in. TBM cutter for granite: a case study of a water conveyance tunnel in China [J]. Rock Mechanics and Rock Engineering, 2017, 50 (5): 1303-1320.

[33] Li S, Liu B, Xu X, et al. An overview of ahead geological prospecting in tunneling [J]. Tunnelling and Underground Space Technology, 2017, 63: 69-94.

[34] 李术才，刘斌，孙怀凤，等. 隧道施工超前地质预报研究现状及发展趋势 [J]. 岩石力学与工程学报，2014，33 (6)：1090-1113.

[35] Xie Y, Zhu C, Zhou W, et al. Evaluation of machine learning methods for formation lithology identification: A comparison of tuning processes and model performances [J]. Journal of Petroleum Science and Engineering, 2018, 160: 182-193.

[36] Han L, Fuqiang L, Zheng D, et al. A lithology identification method for continental shale oil reservoir based on BP neural network [J]. Journal of Geophysics and Engineering, 2018, 15 (3): 895-908.

[37] Gu Y, Bao Z, Song X, et al. Complex lithology prediction using probabilistic neural network improved by continuous restricted Boltzmann machine and particle swarm optimization [J]. Journal of Petroleum Science and Engineering, 2019, 179: 966-978.

[38] Dev V A, Eden M R. Formation lithology classification using scalable gradient boosted decision trees [J]. Computers & Chemical Engineering, 2019, 128: 392-404.

[39] Sun J, Li Q, Chen M, et al. Optimization of models for a rapid identification of lithology while drilling-A win-win strategy based on machine learning [J]. Journal of Petroleum Science and Engineering, 2019, 176: 321-341.

[40] Feng R, Luthi S M, Gisolf D, et al. Reservoir lithology classification based on seismic inversion results by hidden Markov models: Applying prior geological information [J]. Marine and Petroleum Geology, 2018, 93: 218–229.

[41] Liu Q, Wang X, Huang X, et al. Prediction model of rock mass class using classification and regression tree integrated AdaBoost algorithm based on TBM driving data [J]. Tunnelling and Underground Space Technology, 2020, 106: 103595.

[42] Liu B, Wang R, Zhao G, et al. Prediction of rock mass parameters in the TBM tunnel based on BP neural network integrated simulated annealing algorithm [J]. Tunnelling and Underground Space Technology, 2020, 95: 103103.

[43] Zhang Q L, Liu Z Y, Tan J R. Prediction of geological conditions for a tunnel boring machine using big operational data [J]. Automation in Construction, 2019, 100: 73–83.

[44] Barton N. Rock mass classification and tunnel reinforcement selection using the q–system [C], 1988.

[45] Bieniawski Z T. The Rock Mass Rating (RMR) System (Geomechanics Classification) in Engineering Practice [J], 1988.

[46] 朱辉云，杨晓芳，郭亚永，等. 山岭隧道施工期围岩快速分级方法研究 [J]. 工程地质学报，2019，27（s1）：319–326.

[47] Shi S S, Li S C, Li L P, et al. Advance optimized classification and application of surrounding rock based on fuzzy analytic hierarchy process and Tunnel Seismic Prediction [J]. Automation in construction, 2014, 37: 217–222.

[48] Li S, Liu B, Nie L, et al. Detecting and monitoring of water inrush in tunnels and coal mines using direct current resistivity method: a review [J]. Journal of Rock Mechanics and Geotechnical Engineering, 2015, 7 (4): 469–478.

[49] Gao X, Shi M, Song X, et al. Recurrent neural networks for real–time prediction of TBM operating parameters [J]. Automation in Construction, 2019, 98: 225–235.

[50] Fukui K. Estimation of rock strength with TBM cutting force and site investigation

at Niken-goya tunnel [J]. Journal of the Mining and Materials Processing Institute of Japan, 1996, 112: 303–308.

[51] Yamamoto T, Shirasagi S, Yamamoto S, et al. Evaluation of the geological condition ahead of the tunnel face by geostatistical techniques using TBM driving data [J]. Tunnelling and underground space technology, 2003, 18 (2–3): 213–221.

[52] 张娜，李建斌，荆留杰，等. 基于隧道掘进机掘进过程的岩体状态感知方法 [J]. 浙江大学学报（工学版），2019，53（10）：1977–1985.

[53] 何发亮，谷明成，王石春. TBM 施工隧道围岩分级方法研究 [J]. 岩石力学与工程学报，2002（9）：1350–1354.

[54] Ji F, Lu J F, Shi Y C, et al. Prediction model of rock mass quality classification based on TBM boring parameters [J]. Disaster Advances, 2013, 6: 265–274.

[55] Ramoni M, Anagnostou G. Tunnel boring machines under squeezing conditions [J], 2010, 25 (2): 139–157.

[56] Gong Q M, Yin L J, Ma H S, et al. TBM tunnelling under adverse geological conditions: An overview [J]. Tunnelling and Underground Space Technology, 2016, 57: 4–17.

[57] Li S C, Nie L C, Liu B. The Practice of Forward Prospecting of Adverse Geology Applied to Hard Rock TBM Tunnel Construction: The Case of the Songhua River Water Conveyance Project in the Middle of Jilin Province [J]. Engineering, 2018, 4 (1): 131–137.

[58] Bayati M, Khademi Hamidi J. A case study on TBM tunnelling in fault zones and lessons learned from ground improvement [J]. Tunnelling and Underground Space Technology, 2017, 63: 162–170.

[59] Barla G, Pelizza S. TBM tunnelling in difficult ground conditions [J]. GeoEng 2000, 2000.

[60] Dalgıç S. Tunneling in fault zones, Tuzla tunnel, Turkey [J]. Tunnelling and Underground Space Technology, 2003, 18 (5): 453–465.

[61] Home L. Hard rock TBM tunneling in challenging ground：Developments and lessons learned from the field [J]. Tunnelling and Underground Space Technology，2016，57：27-32.

[62] 李术才，刘斌，孙怀凤，等. 隧道施工超前地质预报研究现状及发展趋势 [J]. 岩石力学与工程学报，2014，33（6）：1090-1113.

[63] 孙振宇，彭苏萍，邹冠贵. 基于 SVM 算法的地震小断层自动识别 [J]. 煤炭学报，2017，42（11）：2945-2952.

[64] Jung J H，Chung H，Kwon Y S，et al. An ANN to Predict Ground Condition ahead of Tunnel Face using TBM Operational Data [J]. Ksce Journal of Civil Engineering，2019，23（7）：3200-3206.

[65] 侯艳娟，张顶立，李奥 . 隧道施工塌方事故分析与控制 [J]. 现代隧道技术，2018，55（1）：45-52.

[66] Xiao Y X，Feng X T，Feng G L，et al. Mechanism of evolution of stress-structure controlled collapse of surrounding rock in caverns：A case study from the Baihetan hydropower station in China [J]. Tunnelling and Underground Space Technology，2016，51：56-67.

[67] Jimenez R，Serrano A，Olalla C. Linearization of the Hoek and Brown rock failure criterion for tunnelling in elasto-plastic rock masses [J]. International Journal of Rock Mechanics and Mining Sciences，2008，45（7）：1153-1163.

[68] Huang F，Yang X L. Upper bound limit analysis of collapse shape for circular tunnel subjected to pore pressure based on the Hoek-Brown failure criterion [J]. Tunnelling and Underground Space Technology，2011，26（5）：614-618.

[69] Fraldi M，Guarracino F. Limit analysis of collapse mechanisms in cavities and tunnels according to the Hoek-Brown failure criterion [J]. International Journal of Rock Mechanics and Mining Sciences，2009，46（4）：665-673.

[70] Yang X L，Huang F. Collapse mechanism of shallow tunnel based on nonlinear Hoek-Brown failure criterion[J]. Tunnelling and Underground Space Technology，2011，26（6）：686-691.

[71] 王吉亮，陈剑平，苏生瑞，等. 节理岩体隧道塌方机理离散元研究[J]. 中国矿业大学学报，2008，37（3）：316-319.

[72] 刘乃飞，李宁，李国锋，等. 库尉输水隧洞塌方机制分析及加固效果评价[J]. 岩石力学与工程学报，2015，34（12）：2531-2541.

[73] 黄晶柱，冯夏庭，周扬一，等. 深埋硬岩隧洞复杂岩性挤压破碎带塌方过程及机制分析——以锦屏地下实验室为例[J]. 岩石力学与工程学报，2017，36（8）：1867-1879.

[74] Sterpi D，Cividini A. A Physical and Numerical Investigation on the Stability of Shallow Tunnels in Strain Softening Media[J]. Rock Mechanics & Rock Engineering，2004，37（4）：277-298.

[75] 魏星，沈乐，陶志平. 富水软岩隧道突泥塌方及地层沉降的模型试验[J]. 岩土力学，2012，33（8）：2291-2296.

[76] 张成平，韩凯航，张顶立，等. 城市软弱围岩隧道塌方特征及演化规律试验研究[J]. 岩石力学与工程学报，2014，33（12）：2433-2442.

[77] Jeon S，Kim J，Seo Y，et al. Effect of a fault and weak plane on the stability of a tunnel in rock—a scaled model test and numerical analysis[J]. International Journal of Rock Mechanics and Mining Sciences，2004，41：658-663.

[78] 谭双，李邵军，王雪亮，等. 深埋引水隧洞塌方孕育过程微震规律研究：以 Neelum-Jhelum 工程为例[J]. 岩石力学与工程学报，2018，37（S2）：4115-4124.

[79] Shin H S，Kwon Y C，Jung Y S，et al. Methodology for quantitative hazard assessment for tunnel collapses based on case histories in Korea[J]. International Journal of Rock Mechanics and Mining Sciences，2009，46（6）：1072-1087.

[80] 陈舞，王浩，张国华，等. 基于 T-S 模糊故障树和贝叶斯网络的隧道坍塌易发性评价[J]. 上海交通大学学报，2020，54（8）：820-830.

[81] Zhang G H，Chen W，Jiao Y Y，et al. A failure probability evaluation method for collapse of drill-and-blast tunnels based on multistate fuzzy Bayesian network[J]. Engineering Geology，2020，276：105752.

[82] 龚秋明，王瑜，卢建炜，等. 基于对 TBM 隧道施工影响的断层带初步分级 [J]. 铁道学报，2021.

[83] 龚秋明，吴帆，殷丽君. 岩石复合地层滚刀线性切割破岩试验研究 [J]. 隧道与地下工程灾害防治，2019，1（2）：67–73.

[84] Sanio H P. Prediction of the performance of disc cutters in anisotropic rock [J]. International Journal of Rock Mechanics and Mining Sciences & Geomechanics Abstracts，1985，22（3）：153–161.

[85] Farmer I，Garritty P，Glossop N. Operational characteristics of full face tunnel boring machines [C]. Proceedings – Rapid Excavation and Tunneling Conference，1987：188–201.

[86] Shi H，Yang H，Gong G，et al. Determination of the cutterhead torque for EPB shield tunneling machine [J]. Automation in Construction，2011，20（8）：1087–1095.

[87] Ates U，Bilgin N，Copur H. Estimating torque，thrust and other design parameters of different type TBMs with some criticism to TBMs used in Turkish tunneling projects [J]. Tunnelling and Underground Space Technology，2014，40：46–63.

[88] Ramoni M，Anagnostou G. Thrust force requirements for TBMs in squeezing ground [J]. Tunnelling and Underground Space Technology，2010，25（4）：433–455.

[89] Cachim P，Bezuijen A. Modelling the Torque with Artificial Neural Networks on a Tunnel Boring Machine [J]. KSCE Journal of Civil Engineering，2019，23（10）：4529–4537.

[90] Zhang Q，Kang Y L，Zheng Z，et al. Inverse Analysis and Modeling for Tunneling Thrust on Shield Machine [J]. Mathematical Problems in Engineering：Theory，Methods and Applications，2013.

[91] Yang L，Qi C C，Lin X S，et al. Prediction of dynamic increase factor for steel fibre reinforced concrete using a hybrid artificial intelligence model [J]. Engineering Structures，2019，189：309–318.

[92] Mahdevari S, Shahriar K, Yagiz S, et al. A support vector regression model for predicting tunnel boring machine penetration rates [J]. International Journal of Rock Mechanics and Mining Sciences, 2014, 72: 214–229.

[93] Fattahi H, Babanouri N. Applying Optimized Support Vector Regression Models for Prediction of Tunnel Boring Machine Performance [J]. Geotechnical Geological Engineering, 2017, 35 (5): 2205–2217.

[94] Russell S J, Norvig P. Artificial intelligence: a modern approach [M]. Malaysia; Pearson Education Limited, 2016.

[95] Acaroglu O. Prediction of thrust and torque requirements of TBMs with fuzzy logic models [J]. Tunnelling and Underground Space Technology, 2011, 26 (2): 267–275.

[96] Li J, Li P, Guo D, et al. Advanced prediction of tunnel boring machine performance based on big data [J]. Geoscience Frontiers, 2020.

[97] 周小雄，龚秋明，殷丽君，等. 基于 BLSTM-AM 模型的 TBM 稳定段掘进参数预测 [J]. 岩石力学与工程学报，2020，39 (S2)：3505–3515.

[98] Wang X, Zhu H, Zhu M, et al. An integrated parameter prediction framework for intelligent TBM excavation in hard rock [J]. Tunnelling and Underground Space Technology, 2021, 118: 104196.

[99] 尚彦军，杨志法，曾庆利，等. TBM 施工遇险工程地质问题分析和失误的反思 [J]. 岩石力学与工程学报，2007，(12)：2404–2411.

[100] 曹瑞琅，王玉杰，陈晨，等. TBM 净掘进速度预测模型发展现状及参数分析 [J]. 水利水电技术，2019，50 (8)：96–105.

[101] Rostami J. Development of a force estimation model for rock fragmentation with disc cutters through theoretical modeling and physical measurement of crushed zone pressure [D]. Colorado School of Mines Golden, 1997.

[102] Yagiz S. Development of rock fracture and brittleness indices to quantify the effects of rock mass features and toughness in the CSM Model basic penetration for hard rock tunneling machines [M]. Colorado School of Mines, 2002.

[103] Ramezanzadeh A. Performance analysis and development of new models for

performance prediction of hard rock TBMs in rock mass [D]. Lyon, INSA, 2005.

[104] Tarkoy P J. Predicting tunnel boring machine (TBM) penetration rates and cutter costs in selected rock types [R]. 1974.

[105] Graham P, Pc G. Rock exploration for machine manufacturers [J], 1976.

[106] Farmer I, Glossop N. Mechanics of disc cutter penetration [J]. Tunnels Tunnelling; (United Kingdom), 1980, 12 (6).

[107] Cassinelli F. Power consumption and metal wear in tunnel-boring machines: analysis of tunnel-boring operation in hard rock [J], 1982.

[108] Nelson P, O'rourke T D, Kulhawy F H. Factors affecting TBM penetration rates in sedimentary rocks [C]. The 24th US Symposium on Rock Mechanics (USRMS), 1983.

[109] Bamford W. Rock test indices are being successfully correlated with tunnel boring machine performance [C]. Fifth Australian Tunnelling Conference: State of the Art in Underground Development and Construction; Preprints of Papers: State of the Art in Underground Development and Construction; Preprints of Papers, 1984: 218-221.

[110] Hughes H. The relative cuttability of coal-measures stone [J]. Mining Science and Technology, 1986, 3 (2): 95-109.

[111] Innaurato N, Mancini A, Rondena E, et al. Forecasting and effective TBM performances in a rapid excavation of a tunnel in Italy [C]. 7th ISRM Congress, 1991.

[112] Bruland A. Hard Rock Tunnel Boring [D]. 2000.

[113] Barton N R. TBM tunnelling in jointed and faulted rock [M]. Crc Press, 2000.

[114] Alber M. Design of high speed TBM-drives [C]. Engineering Geology: A global view from the Pacific Rim, 1998: 3453-3537.

[115] Grima M A, Bruines P, Verhoef P. Modeling tunnel boring machine performance by neuro-fuzzy methods [J]. Tunnelling and underground

space technology, 2000, 15 (3): 259–269.

[116] Bieniawski Z, Celada B, Galera J. TBM excavability: prediction and machine–rock interaction [C]. Proceedings, Rapid Excavation and Tunneling Conference, 2007: 1130.

[117] Farrokh E, Rostami J, Laughton C. Study of various models for estimation of penetration rate of hard rock TBMs [J]. Tunnelling and Underground Space Technology, 2012, 30: 110–123.

[118] Hassanpour J, Rostami J, Khamehchiyan M, et al. Developing new equations for TBM performance prediction in carbonate–argillaceous rocks: a case history of Nowsood water conveyance tunnel [J]. Geomechanics and Geoengineering: An International Journal, 2009, 4 (4): 287–297.

[119] Gao B, Wang R, Lin C, et al. TBM penetration rate prediction based on the long short–term memory neural network [J]. Underground Space, 2020.

[120] Shi G, Qin C, Tao J, et al. A VMD–EWT–LSTM–based multi–step prediction approach for shield tunneling machine cutterhead torque [J]. Knowledge–Based Systems, 2021, 228: 107213.

[121] Grima M A, Bruines P A, Verhoef P N W. Modeling tunnel boring machine performance by neuro–fuzzy methods [J]. TUNNELLING AND UNDERGROUND SPACE TECHNOLOGY, 2000, 15 (3): 259–269.

[122] Mikaeil R, Naghadehi M Z, Sereshki F. Multifactorial fuzzy approach to the penetrability classification of TBM in hard rock conditions [J]. Tunnelling and Underground Space Technology, 2009, 24 (5): 500–505.

[123] Javad G, Narges T. Application of artificial neural networks to the prediction of tunnel boring machine penetration rate [J]. Mining Science and Technology (China), 2010, 20 (5): 727–733.

[124] Yagiz S, Karahan H. Prediction of hard rock TBM penetration rate using particle swarm optimization [J]. International Journal of Rock Mechanics and Mining Sciences, 2011, 48 (3): 427–433.

[125] Salimi A, Esmaeili M. Utilising of linear and non–linear prediction tools for

evaluation of penetration rate of tunnel boring machine in hard rock condition [J]. International Journal of Mining and Mineral Engineering, 2013, 4(3): 249–264.

[126] Ghasemi E, Yagiz S, Ataei M. Predicting penetration rate of hard rock tunnel boring machine using fuzzy logic [J]. Bulletin of Engineering Geology and the Environment, 2014, 73(1): 23–35.

[127] Mahdevari S, Shahriar K, Yagiz S, et al. A support vector regression model for predicting tunnel boring machine penetration rates [J]. International Journal of Rock Mechanics and Mining Sciences, 2014, 72: 214–229.

[128] Yagiz S, Karahan H. Application of various optimization techniques and comparison of their performances for predicting TBM penetration rate in rock mass [J]. International Journal of Rock Mechanics and Mining Sciences, 2015, 80: 308–315.

[129] Salimi A, Rostami J, Moormann C, et al. Application of non-linear regression analysis and artificial intelligence algorithms for performance prediction of hard rock TBMs [J]. Tunnelling and Underground Space Technology, 2016, 58: 236–246.

[130] Adoko A C, Gokceoglu C, Yagiz S. Bayesian prediction of TBM penetration rate in rock mass [J]. Engineering Geology, 2017, 226: 245–256.

[131] Armaghani D J, Mohamad E T, Narayanasamy M S, et al. Development of hybrid intelligent models for predicting TBM penetration rate in hard rock condition [J]. Tunnelling and Underground Space Technology, 2017, 63: 29–43.

[132] Fattahi H, Babanouri N. Applying Optimized Support Vector Regression Models for Prediction of Tunnel Boring Machine Performance [J]. Geotechnical and Geological Engineering, 2017, 35(5): 2205–2217.

[133] Jahed Armaghani D, Faradonbeh R S, Momeni E, et al. Performance prediction of tunnel boring machine through developing a gene expression programming equation [J]. Engineering with Computers, 2018, 34(1):

129–141.

[134] Koopialipoor M, Tootoonchi H, Jahed Armaghani D, et al. Application of deep neural networks in predicting the penetration rate of tunnel boring machines [J]. Bulletin of Engineering Geology and the Environment, 2019, 78 (8): 6347–6360.

[135] Afradi A, Ebrahimabadi A, Hallajian T. Prediction of the Penetration Rate and Number of Consumed Disc Cutters of Tunnel Boring Machines (TBMs) Using Artificial Neural Network(ANN)and Support Vector Machine(SVM)—Case Study: Beheshtabad Water Conveyance Tunnel in Iran [J]. Asian Journal of Water, Environment and Pollution, 2019, 16: 49–57.

[136] Wei M, Wang Z L, Wang X Y, et al. Prediction of TBM penetration rate based on Monte Carlo–BP neural network [J]. NEURAL COMPUTING & APPLICATIONS, 2021, 33 (2): 603–611.

[137] Li Z, Yazdani Bejarbaneh B, Asteris P G, et al. A hybrid GEP and WOA approach to estimate the optimal penetration rate of TBM in granitic rock mass [J]. Soft Computing, 2021, 25 (17): 11877–11895.

[138] Zhou J, Qiu Y, Armaghani D J, et al. Predicting TBM penetration rate in hard rock condition: A comparative study among six XGB–based metaheuristic techniques [J]. Geoscience Frontiers, 2021, 12 (3): 101091.

[139] Holland J H. Genetic algorithms [J]. Scientific american, 1992, 267 (1): 66–73.

[140] Kirkpatrick S, Gelatt Jr C D, Vecchi M P. Optimization by simulated annealing [J]. science, 1983, 220 (4598): 671–680.

[141] Dorigo M, Birattari M, Stutzle T. Ant colony optimization [J]. IEEE computational intelligence magazine, 2006, 1 (4): 28–39.

[142] Eberhart R, Kennedy J. Particle swarm optimization [C]. Proceedings of the IEEE international conference on neural networks, 1995: 1942–1948.

[143] Hochreiter S, Schmidhuber J. Long Short–Term Memory [J]. Neural

Computation, 1997, 9 (8): 1735–1780.

[144] Krizhevsky A, Sutskever I, Hinton G. ImageNet Classification with Deep Convolutional Neural Networks [C]. NIPS, 2012.

[145] Szegedy C, Liu W, Jia Y, et al. Going Deeper with Convolutions [J]. 2014.

[146] He K, Zhang X, Ren S, et al. Deep Residual Learning for Image Recognition [J]. Cornell University, 2016.

[147] Gao B, Wang R, Lin C, et al. TBM penetration rate prediction based on the long short-term memory neural network [J]. Underground Space, 2021, 6 (6): 718–731.

[148] Bai S, Kolter J Z, Koltun V. An Empirical Evaluation of Generic Convolutional and Recurrent Networks for Sequence Modeling [J]. arXiv: Learning, 2018.

[149] Liu Z, Wang Y, Li L, et al. Realtime prediction of hard rock TBM advance rate using temporal convolutional network (TCN) with tunnel construction big data [J]. Frontiers of Structural and Civil Engineering, 2022, 16 (4): 401–413.

[150] Pan Y, Fu X, Zhang L. Data-driven multi-output prediction for TBM performance during tunnel excavation: An attention-based graph convolutional network approach [J]. Automation in Construction, 2022, 141: 104386.

[151] Scarselli F, Gori M, Tsoi A C, et al. The graph neural network model [J]. IEEE transactions on neural networks, 2008, 20 (1): 61–80.

[152] Creswell A, White T, Dumoulin V, et al. Generative adversarial networks: An overview [J]. IEEE signal processing magazine, 2018, 35 (1): 53–65.

[153] Seabold S, Perktold J. Statsmodels: Econometric and statistical modeling with python [C]. Proceedings of the 9th Python in Science Conference, 2010.

[154] 李信富，李小凡. 分形插值与拉格朗日插值的比较研究［J］. 黑龙江大学自然科学学报，2008（3）：323-326，331.

[155] 李术才，刘斌，孙怀凤，等. 隧道施工超前地质预报研究现状及发展趋势［J］，2014，33（6）：1090-1113.

[156] 刘东海，周云晴，王帅，等. 岩性 Markov 预测下的长隧洞 TBM 施工进度随机仿真分析［J］. 系统仿真学报，2009，21（2）：558-562.

[157] Liu Q S，Liu J P，Pan Y C，et al. A case study of TBM performance prediction using a Chinese rock mass classification system-Hydropower Classification（HC）method［J］. Tunnelling and Underground Space Technology，2017，65：140-154.

[158] Ke G，Meng Q，Finley T，et al. LightGBM：A Highly Efficient Gradient Boosting Decision Tree［C］. Advances in Neural Information Processing Systems，2017：3146-3154.

[159] Luong M T，Pham H，Manning C D. Effective approaches to attention-based neural machine translation［J］. arXiv preprint arXiv:1508.04025，2015.

[160] Bahdanau D，Cho K，Bengio Y. Neural machine translation by jointly learning to align and translate［J］. arXiv preprint arXiv:1409.0473，2014.

[161] Svetnik V，Liaw A，Tong C，et al. Random forest：a classification and regression tool for compound classification and QSAR modeling［J］. Journal of chemical information and computer sciences，2003，43（6）：1947-1958.

[162] Breiman L. Random forests［J］. Machine learning，2001，45（1）：5-32.

[163] Kohavi R. A Study of Cross-Validation and Bootstrap for Accuracy Estimation and Model Selection［C］. International Joint Conference on Artificial Intelligence，1995.

[164] Fushiki T. Estimation of prediction error by using K-fold cross-validation［J］. Statistics and Computing，2011，21（2）：137-146.

[165] 石卓，龚国芳，刘统，等. TBM 试验台支撑推进节能系统设计与仿真分析［J］，2017.

[166] 程建龙，杨圣奇，李学华，等. 位移释放率对双护盾 TBM 护盾压力的影响研究［J］. 岩土力学，2016，37（5）：1399-1407.

[167] 黄喆，程二静，邵震宇，等. 基于单目视觉的双护盾 TBM 导向方法研究［J］. 激光与光电子学进展，2021，58（24）：309-316.

[168] 王梦恕，王占山. TBM 通过断层破碎带的施工技术［J］，2001，（3）：1-4.

[169] 罗华，陈祖煜，龚国芳，等. 基于现场数据的 TBM 掘进速率研究［J］. 浙江大学学报（工学版），2018，52（8）：1566-1574.

[170] 魏小敏，徐彬，关佶红. 基于递归特征消除法的蛋白质能量热点预测［J］. 山东大学学报（工学版），2014，44（2）：12-20.

[171] Pedregosa F，Varoquaux G L，Gramfort A，et al. Scikit-learn：Machine Learning in Python［J］，2013，12（10）：2825-2830.

[172] Srivastava N，Hinton G，Krizhevsky A，et al. Dropout：a simple way to prevent neural networks from overfitting［J］. Journal of Machine Learning Research，2014，15（1）：1929-1958.

[173] Pan Y，Liu Q，Kong X，et al. Full-scale linear cutting test in Chongqing Sandstone and the comparison with field TBM excavation performance［J］. Acta Geotechnica，2019，14（4）：1249-1268.

[174] Bergstra J，Bengio Y. Random Search for Hyper-Parameter Optimization［J］. Journal of Machine Learning Research，2012，13：281-305.

[175] Li J，Li P，Guo D，et al. Advanced prediction of tunnel boring machine performance based on big data［J］. Geoscience Frontiers，2021，12（1）：331-338.

[176] Prechelt L. Automatic early stopping using cross validation：quantifying the criteria［J］. Neural Networks，1998，11（4）：761-767.

[177] Peduzzi P，Concato J，Kemper E，et al. A simulation study of the number of events per variable in logistic regression analysis［J］. Journal of clinical epidemiology，1996，49（12）：1373-1379.

[178] Swetapadma A，Yadav A. A novel single-ended fault location scheme

for parallel transmission lines using k-nearest neighbor algorithm [J]. Computers & Electrical Engineering, 2018, 69: 41-53.

[179] Ju Y, Sun G, Chen Q, et al. A Model Combining Convolutional Neural Network and LightGBM Algorithm for Ultra-Short-Term Wind Power Forecasting [J]. IEEE Access, 2019, 7: 28309-28318.

[180] Lundberg S M, Lee S-I. A unified approach to interpreting model predictions [C]. Proceedings of the 31st International Conference on Neural Information Processing Systems, 2017: 4768-4777.

[181] Vega Garc í a M, Aznarte J L. Shapley additive explanations for NO_2 forecasting [J]. Ecological Informatics, 2020, 56: 101039.

[182] Mangalathu S, Hwang S H, Jeon J S. Failure mode and effects analysis of RC members based on machine-learning-based SHapley Additive exPlanations (SHAP) approach [J]. Engineering Structures, 2020, 219: 110927.

[183] Kohavi R, John G H: Automatic Parameter Selection by Minimizing Estimated Error, Prieditis A, Russell S, editor. Machine Learning Proceedings 1995, San Francisco (CA): Morgan Kaufmann, 1995: 304-312.

[184] Nguyen H P, Liu J, Zio E. A long-term prediction approach based on long short-term memory neural networks with automatic parameter optimization by Tree-structured Parzen Estimator and applied to time-series data of NPP steam generators [J]. Applied Soft Computing, 2020, 89: 106116.

[185] Bergstra J, Bardenet R, Bengio Y, et al. Algorithms for hyper-parameter optimization [J]. Advances in neural information processing systems, 2011: 2546-2554.

[186] Guo J, Yang L, Bie R, et al. An XGBoost-based physical fitness evaluation model using advanced feature selection and Bayesian hyper-parameter optimization for wearable running monitoring [J]. Computer Networks, 2019, 151: 166-180.

[187] Lago J, De Ridder F, Vrancx P, et al. Forecasting day-ahead electricity

prices in Europe: The importance of considering market integration [J]. Applied Energy, 2018, 211: 890–903.

[188] Lago J, De Brabandere K, De Ridder F, et al. Short–term forecasting of solar irradiance without local telemetry: A generalized model using satellite data [J]. Solar Energy, 2018, 173: 566–577.

[189] Mohammadi R, He Q, Ghofrani F, et al. Exploring the impact of foot–by–foot track geometry on the occurrence of rail defects [J]. Transportation Research Part C: Emerging Technologies, 2019, 102: 153–172.

[190] Chevtchenko S F, Vale R F, Macario V, et al. A convolutional neural network with feature fusion for real–time hand posture recognition [J]. Applied Soft Computing, 2018, 73: 748–766.

[191] Liu Q, Liu J, Pan Y, et al. A case study of TBM performance prediction using a Chinese rock mass classification system – Hydropower Classification (HC) method [J]. Tunnelling and Underground Space Technology, 2017, 65: 140–154.

[192] 程建龙，杨圣奇，李学华，等. 位移释放率对双护盾 TBM 护盾压力的影响研究 [J]. 岩土力学，2016，37 (5)：1399–1407，1416.

[193] 陈子全，寇昊，杨文波，等. 我国西南部山区隧道施工期支护结构力学行为特征案例分析 [J]. 隧道建设 (中英文)，2020，40 (6)：800–812.

[194] 李卫国，孔凡彬. 锦屏二级水电站引水隧洞工程 TBM 施工 [J]. 四川水力发电，2015，2：5–8.

[195] Hassanpour J, Rostami J, Zhao J. A new hard rock TBM performance prediction model for project planning [J]. Tunnelling and Underground Space Technology, 2011, 26 (5): 595–603.

[196] Armaghani D J, Koopialipoor M, Marto A, et al. Application of several optimization techniques for estimating TBM advance rate in granitic rocks [J]. Journal of Rock Mechanics and Geotechnical Engineering, 2019, 11 (4): 779–789.

[197] Hassanpour J，Rostami J，Khamehchiyan M，et al. TBM Performance Analysis in Pyroclastic Rocks：A Case History of Karaj Water Conveyance Tunnel [J]. Rock Mechanics and Rock Engineering，2010，43（4）：427–445.

[198] 朱光轩. TBM 穿越破碎带刀盘卡机机理与工程应用 [D]. 济南：山东大学，2021.

[199] Li S，Nie L，Liu B. The Practice of Forward Prospecting of Adverse Geology Applied to Hard Rock TBM Tunnel Construction：The Case of the Songhua River Water Conveyance Project in the Middle of Jilin Province [J]. Engineering，2018，4（1）：281–294.

[200] 刘银，张志强，赵梓彤，等. 断层破碎带在渗流作用下应力特征及控制 [J]. 地下空间与工程学报，2019，15（3）：820–826.

[201] 陈尚远. 穿越断层破碎带的大埋深隧洞支护机理与计算分析 [D]. 济南：山东大学，2019.

[202] 李鑫. 雩山隧道断层破碎带稳定性分析及治理方法 [D]. 济南：山东大学，2015.

[203] Cortes C，Vapnik V. Support–Vector Networks [J]. Machine Learning，1995，20（3）：273–297.

[204] 李清毅，周昊，林阿平，等. 基于网格搜索和支持向量机的灰熔点预测 [J]. 浙江大学学报（工学版），2011，45（12）：2181–2187.

[205] Altmann A，Tolosi L，Sander O，et al. Permutation importance：a corrected feature importance measure [J]. Bioinformatics，2010，26（10）：1340–7.

[206] Friedman J，Hastie T，Tibshirani R. The elements of statistical learning [M]. Springer series in statistics New York，2001.

[207] Parise M，De Waele J，Gutierrez F. Engineering and environmental problems in karst — An introduction [J]. Engineering Geology，2008，99（3）：91–94.

[208] Paltrinieri E，Sandrone F，Zhao J. Analysis and estimation of gripper TBM performances in highly fractured and faulted rocks [J]. Tunnelling and Underground Space Technology，2016，52：44–61.

[209] Tóth Á, Gong Q, Zhao J. Case studies of TBM tunneling performance in rock–soil interface mixed ground [J]. Tunnelling and Underground Space Technology, 2013, 38: 140–150.

[210] 孙振川，杨延栋，陈馈，等. 引汉济渭岭南 TBM 工程二长花岗岩地层滚刀磨损研究 [J]. 隧道建设，2017，37（9）：1167–1172.

[211] Huang G B, Zhu Q Y, Siew C K. Extreme learning machine: theory and applications [J]. Neurocomputing, 2006, 70 (1–3): 489–501.

[212] Qu B Y, Lang B, Liang J J, et al. Two–hidden–layer extreme learning machine for regression and classification [J]. Neurocomputing, 2016, 175: 826–834.

[213] Cao J, Zhang K, Yong H, et al. Extreme Learning Machine With Affine Transformation Inputs in an Activation Function [J]. IEEE Transactions on Neural Networks and Learning Systems, 2019, 30 (7): 2093–2107.

[214] Fu Y, Wan L, Xiao D, et al. Remote sensing inversion of saline and alkaline land based on reflectance spectroscopy and D–TELM algorithm in Wuyuan areas [J]. Infrared Physics & Technology, 2020, 109: 103367.

[215] Qu B Y, Lang B F, Liang J J, et al. Two–hidden–layer extreme learning machine for regression and classification [J]. Neurocomputing, 2016, 175: 826–834.

[216] Zhao W, Zhang Z, Wang L. Manta ray foraging optimization: An effective bio–inspired optimizer for engineering applications [J]. Engineering Applications of Artificial Intelligence, 2020, 87: 103300.

[217] Hasanpour R, Rostami J, Thewes M, et al. Parametric study of the impacts of various geological and machine parameters on thrust force requirements for operating a single shield TBM in squeezing ground [J]. Tunnelling and Underground Space Technology, 2018, 73: 252–260.

[218] Liu Z, Shao J, Xu W, et al. An extreme learning machine approach for slope stability evaluation and prediction [J]. Natural hazards, 2014, 73 (2): 787–804.

[219] Li L, Liu Z, Zhou H, et al. Prediction of TBM cutterhead speed and penetration rate for high-efficiency excavation of hard rock tunnel using CNN-LSTM model with construction big data [J]. Arabian Journal of Geosciences, 2022, 15 (3): 280.

[220] Liu Z, Li L, Fang X, et al. Hard-rock tunnel lithology prediction with TBM construction big data using a global-attention-mechanism-based LSTM network [J]. Automation in Construction, 2021, 125: 103647.

[221] Zhou J, Qiu Y, Zhu S, et al. Optimization of support vector machine through the use of metaheuristic algorithms in forecasting TBM advance rate [J]. Engineering Applications of Artificial Intelligence, 2021, 97: 104015.

[222] Tirelli T, Pessani D. Importance of feature selection in decision-tree and artificial-neural-network ecological applications. Alburnus alburnus alborella: A practical example [J]. Ecological Informatics, 2011, 6 (5): 309-315.

[223] Tibshirani R. Regression shrinkage and selection via the lasso: a retrospective [J]. Journal of the Royal Statistical Society: Series B (Statistical Methodology), 2011, 73 (3): 273-282.

[224] Bai S, Kolter J Z, Koltun V. An empirical evaluation of generic convolutional and recurrent networks for sequence modeling [J]. arXiv preprint arXiv:1803.01271, 2018.

[225] He K, Zhang X, Ren S, et al. Deep residual learning for image recognition [C]. Proceedings of the IEEE conference on computer vision and pattern recognition, 2016: 770-778.

[226] Hu J, Shen L, Sun G. Squeeze-and-excitation networks [C]. Proceedings of the IEEE conference on computer vision and pattern recognition, 2018: 7132-7141.

[227] Jahed Armaghani D, Faradonbeh R S, Momeni E, et al. Performance prediction of tunnel boring machine through developing a gene expression programming equation [J]. Engineering with Computers, 2018, 34 (1): 129-141.

[228] Falkner S, Klein A, Hutter F. BOHB: Robust and efficient hyperparameter optimization at scale [C]. International Conference on Machine Learning, 2018: 1437–1446.

[229] Jamieson K, Talwalkar A. Non-stochastic best arm identification and hyperparameter optimization [C]. Artificial Intelligence and Statistics, 2016: 240–248.

[230] Li L, Jamieson K, Rostamizadeh A, et al. A system for massively parallel hyperparameter tuning [J]. arXiv preprint arXiv:1810.05934, 2018.

[231] Liaw R, Liang E, Nishihara R, et al. Tune: A research platform for distributed model selection and training [J]. arXiv preprint arXiv:1807.05118, 2018.

致　谢

本书的顺利完成得益于许多人的帮助与支持。首先，感谢刘造保教授的悉心指导和耐心支持，他在学术上的指导为本书的研究提供了坚实的基础。感谢冯夏庭院士提供的科研平台，感谢吉林省水利水电勘测设计研究院齐文彪院长提供的地质资料。感谢陈祖煜院士、李旭教授，以及“TBM 掘进参数数据分享与机器学习”竞赛的举办方，感谢中铁装备集团李建斌、荆留杰院长和郑赢豪对本书数据的提供与支持。

李　龙　郑彬彬